Roland Büchli, Paul Raschle

Algen und Pilze an Fassaden
Ursachen und Vermeidung

Roland Büchli
Paul Raschle

Algen und Pilze an Fassaden

Ursachen und Vermeidung

3., durchgesehene Auflage

Fraunhofer IRB Verlag

Bibliografische Information der Deutschen Nationalbibliothek:
Die Deutsche Nationalbibliothek verzeichnet diese Publikation in der Deutschen
Nationalbibliografie; detaillierte bibliografische Daten sind im Internet über www.dnb.de
abrufbar.

ISBN (Print): 978-3-8167-9274-1
ISBN (E-Book): 978-3-8167-9275-8

Herstellung: Andreas Preising
Umschlaggestaltung: Martin Kjer
Satz: Fraunhofer IRB Verlag
Druck: BELTZ Bad Langensalza GmbH, Bad Langensalza
1. Nachdruck, Juni 2015

© Fraunhofer IRB Verlag, 2015
Fraunhofer-Informationszentrum Raum und Bau IRB
Nobelstraße 12, 70569 Stuttgart
Telefon +49 7 11 9 70-25 00
Telefax +49 7 11 9 70-25 08
irb@irb.fraunhofer.de
www.baufachinformation.de

Vorwort

Mikroorganismen sind seit Millionen von Jahren Teil der Natur. Die Menschheit lebt mit ihnen zusammen, sie sind lebensnotwendig. Aber sie können auch Probleme bereiten. Dieser Beitrag hat mit einem davon zu tun – mit Algen und Pilzen an Fassaden.

Alle Oberflächen an der Außenluft sind immer auch Träger von Mikroorganismen. Als Einzelzellen stören Algen und Pilze nicht, sie sind mikroskopisch klein. Bei Massenvorkommen können sie aber deutlich und störend sichtbar werden. Wenn sie an einer neuen Hausfassade zu grünen, manchmal auch roten oder braunen bis schwarzen Verfärbungen führen, dann stellt sich rasch die Frage nach der Ursache dieser Erscheinung. Wachstum findet dann statt, wenn durch die Luft herantransportierte Algen- und Pilzzellen an der Fassade gute Lebensbedingungen vorfinden. Hauptvoraussetzung für das Gedeihen ist immer eine ausreichende Feuchtigkeit.

Wenn Algen- oder Pilzwachstum an Bauteilen auftritt, die noch in der Gewährleistungsfrist der Unternehmer liegen, ist damit ein Grund für Diskussionen über mögliche Ursachen und nötige Sanierungen gegeben. Bei jedem Bewuchs sind sowohl die biologischen als auch die bauphysikalischen Aspekte zu berücksichtigen. Für das Wachstum an Fassaden sind beide ausschlaggebend und müssen in ihrer Gesamtheit analysiert und beurteilt werden.

Die erste Ausgabe der vorliegenden Publikation wurde vor 10 Jahren aufgrund umfangreicher Forschungsergebnisse und Schadensuntersuchungen der Eidgenössischen Materialprüf- und Forschungsanstalt (Empa) geschrieben. Diese Grundlagen der Bauphysik und der Biologie sind noch immer unverändert gültig. Aus diesem Grunde wurde die vorliegende Neuauflage nur leicht überarbeitet und in ausgewählten Teilen den heutigen Verhältnissen angepasst.

Seit der ersten Ausgabe haben sich die Konstruktionen aber erheblich verändert. So werden heute bedeutend dickere Wärmedämmstoffe und weiterentwickelte Verputzsysteme verbaut. Diese Dämmstoffe haben eine verstärkende Wirkung auf die Feuchtigkeitsbelastung, was natürlicherweise zu häufigerem Befall mit Mikroorganismen führen würde. Um dem zu begegnen werden Putzsysteme angeboten, die dieser Erscheinung mit physikalischen oder chemischen Mitteln entgegenwirken.

Dübendorf, im November 2014

Inhaltsverzeichnis

1 Einleitung

1.1 Algen und Pilze in der Natur

Algen und Pilze besitzen in der Natur eine wichtige Aufgabe. Algen sind Produzenten von organischen Kohlenstoffverbindungen. Die Pilze gehören dagegen zu den Mineralisierern, also den Abbauern von organischem Material. Was die Algen produzieren, kann von den Pilzen wieder in den Stoffkreislauf der Natur zurückgeführt werden. Zusammen spielen beide deshalb eine wichtige Rolle in der Natur, Algen sorgen auch für die CO_2-Rückführung aus der Luft und produzieren dabei Sauerstoff. Pilze sorgen für die Rückführung von abgestorbenen Pflanzenteilen in den Naturkreislauf des Kohlenstoffes.

Nur wenige Algen sind in der Lage außerhalb von Wasser oder ständig feuchter Erde zu leben. Diese besonderen Algen werden auch »Luftalgen« genannt, weil sie in der Grenzschicht von wasserhaltigen Materialoberflächen und der Umgebungsluft wachsen können. Mit einem Teil dieser Luftalgen, den Algen an Bauwerken und Fassaden, befasst sich die Mikrobiologie im Bauwesen.

Algen können in verschiedene Gruppen unterteilt werden. Als Bewuchsbildner an Bauwerken sind die grünen Algen, die Grünalgen und Blaugrünalgen wichtig, die wie Pflanzen und Bäume mit Hilfe der Photosynthese Biomasse produzieren. Durch ihre Möglichkeit zur Photosynthese sind Algen Pioniere an Extremstandorten. Wasser ist in der Natur der Hauptlebensraum der Algen. Dort

Abb. 1:
Algenstandort in kleinem Fließgewässer. Benthische Algen leben festgewachsen an verschiedenen Substraten im Süßwasser und im Meer.

Abb. 2:
Algenwachstum an
oft feuchter Baum-
rinde. Manche Arten
leben an der Luft an
Baumrinden oder an-
deren Substraten.

bilden sie auch die Nahrung für viele Fische und Kleinlebewesen. Bei Ihrem Tod und Absinken in die Meerestiefen entziehen sie unserer Umwelt organischen Kohlenstoff und reduzieren auf diese Weise den CO_2-Gehalt der Luft.

Von den Pilzen leben dagegen nur wenige Spezialisten im Wasser. Sie brauchen zwar wie alle Mikroorganismen reichlich Wasser, doch zu viel ist ihnen nicht bekömmlich. Prähistorische Holz-Pfahl-Gründungen in Seen oder Fundamentpfähle in ständig nassem Boden sind vor mikrobieller Zerstörung geschützt, solange sie von Wasser umgeben sind. Die Vermoderung durch Pilze setzt erst dann ein, wenn beispielsweise durch eine Grundwasserabsenkung Pfähle trocken liegen. Alle Pilze sind Abbauer von organischer Substanz, zu diesem Prozess benötigen sie Sauerstoff.

Abb. 3:
Vereinfachter
Kohlenstoffkreiskauf
in der Natur (aerob,
mit Luftsauerstoff)

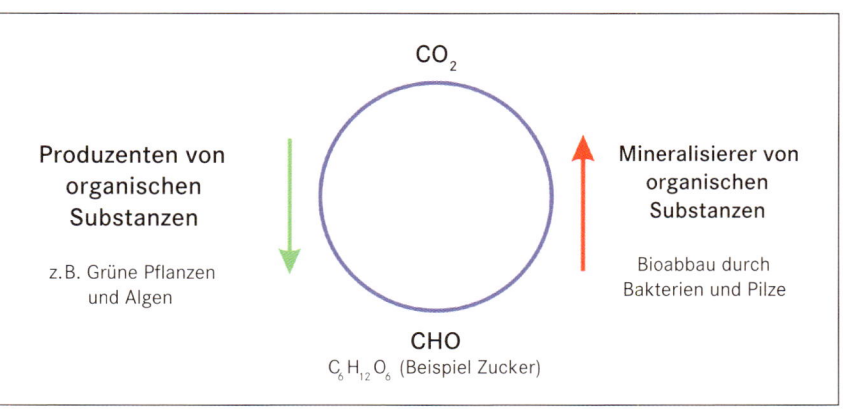

CO$_2$

Produzenten von organischen Substanzen

z. B. Grüne Pflanzen und Algen

Mineralisierer von organischen Substanzen

Bioabbau durch Bakterien und Pilze

CHO

$C_6H_{12}O_6$ (Beispiel Zucker)

Abb. 4:
Edelschimmel,
z. B. Penicillium
roqueforti bei
Gorgonzola-Käse

Pilze besiedeln in der Natur die verschiedensten Habitate, am auffälligsten sind die Hutpilze der Wälder und Wiesen. Pilze sind aber auch als Zerstörer von Bau- und Konstruktionsholz oder als Krankheitserreger bei Pflanzen, Menschen und Tieren zu finden. Mikroskopisch kleine Pilze dienen dem Menschen als Nahrungs- und Genussmittellieferanten, Hefepilze sorgen für die alkoholische

Abb. 5:
Bläuepilze an Holz-
konstruktionen.
An der ungeschütz-
ten bewitterten
Holzkonstruktion
wachsen Bläuepilze
am Holz, ohne die
Holzstruktur zu
schädigen.

Gärung von Bier und Wein, aber auch für die Luftigkeit in Backwaren. Schimmelpilze sorgen als Edelschimmel auch für die Geschmacksbildung bei Käse und Salami. Außerdem sind Pilze Lieferanten für Antibiotika, Heilmittel der Medizin, aber auch für Rohstoffe der Industrie.

So spielen Algen und Pilze in der Natur einzeln und gemeinsam eine wichtige Rolle. Was die Pflanzen der Wiesen und Wälder und die Algen des Meeres produzieren, wird von Mikroorganismen wieder mikrobiell abgebaut. Durch die gemeinsame symbiotische Lebensweise hat sich eine morphologisch eigenständige Lebensform, die Flechte, entwickelt. In der Flechte gewährt der Pilzpartner den Algen Schutz vor dem Austrocknen und die Alge liefert dem Pilz durch Fotosynthese gebildete abbaubare organische Nahrung.

1.2 Vorkommen von Algen und Pilzen an Bauten

Die Verbreitung der Algen und Pilze in der Natur findet ihre Entsprechung auch an Bauten. Das Wachstum von Mikroorganismen an Fassaden stellt immer drei Anforderungen an die Umgebung: gleichzeitige Präsenz von keimungsfähigen Mikroorganismen, geeignete Klimaverhältnisse und geeignete Nahrung am Ort ihres Wachstums.

Die normale Umgebungsluft enthält immer zahlreiche Pilzsporen und Algenzellen. Diese werden, oft an Staubpartikel angelagert, mit der Luft verbreitet. Sie gelangen an neue Orte, wo sie sich festsetzen und bei günstigen Wachstumsbedingungen (Klima und ausreichende Nahrung) aus unsichtbaren mikroskopisch kleinen »Keimen« zu sichtbaren Kolonien heranwachsen. Am Bau stellt sich bei der Beurteilung von Algen- und Pilzwachstum immer als erstes die Frage nach dem Ursprung der Nahrung und der Feuchtigkeit. Als Beispiel für ein derartiges Habitat ist in Abb. 7 eine unbehandelte Holzfassade zu sehen.

Abb. 6:
Aerobiologische Voraussetzung für Bewuchs

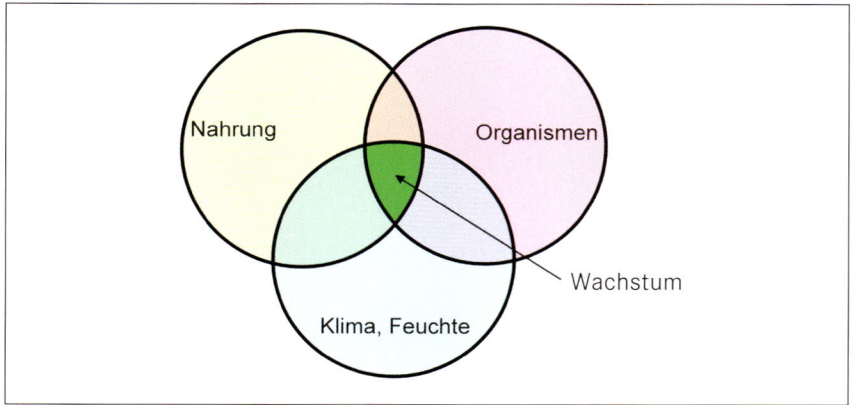

Abb. 7:
Bläuepilze an Holz-
fassade. Ein Dach-
vorsprung sorgt für
Regenschutz und
verhindert oder
verzögert lokal die
Bläuepilzentwicklung

Durch Wind und Wetter herantransportierte Schwärzepilze haben sich an den
bewitterten Fassadenpartien im Zellinneren der oberflächlichen Holzzellen und
an der Holzoberfläche flächendeckend als Schwärzepilzkolonien entwickelt.
Durch die Eigenfarbe der Pilzzellwand hat sich die Holzfarbe dunkel verfärbt.
Deutlich sichtbar ist oft die durch das Dach vor Regeneinwirkung geschützte
Partie. Diese Schwärze- oder auch Bläuepilze zerstören das Holz nicht, aber sie

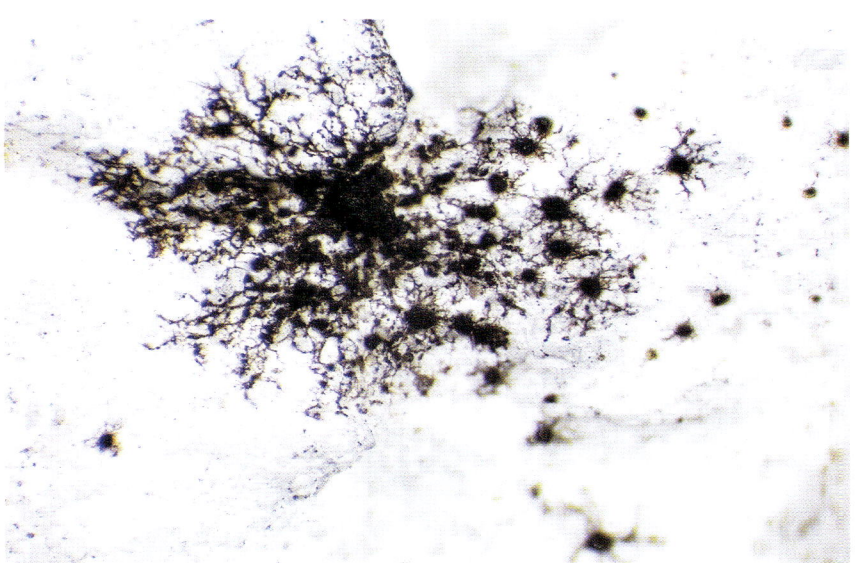

Abb. 8:
Verputzte Außen-
wärmedämmung
mit Schwärze-
pilzwachstum nach
3 Jahren Versuchs-
dauer am Bewitte-
rungsstand der
EMPA. Korngröße
2 mm

verfärben es und geben dem bewitterten Holz seine typische Patina. Nicht der Holzkörper ist für diese Pilze die Nahrung, sondern die Pflanzeninhaltsstoffe.

Bei Wachstum von Bläuepilzen am unbehandelten Holz einer Fassade ist die Ursachensuche (Nahrung und Feuchtigkeit) einfach. Pilze brauchen organische Stoffe als Nahrung. Dies bieten sowohl das Holz als auch jede Staubablagerung. Auch Feuchtigkeit ist jahreszeitlich bedingt immer mehr oder weniger vorhanden. Wenn Algen an Holzbauteilen wachsen, ist dies immer ein Zeichen für viel zu hohe Feuchtigkeit am Ort dieses Wachstums und darum meistens auch schon ein klarer Hinweis auf konstruktive Verbesserungsmöglichkeiten. Anders stellt sich die Bewuchsfrage an der verputzten Außenwärmedämmung (AWD). Hier kommen je nach Situation Algen- und/oder Pilzkolonien vor. In diesem Fall ist es klar, dass auch hier die zu hohe Umgebungs- oder Materialfeuchte Hauptgrund des Wachstums ist. Die weiteren Gründe des jeweiligen Wachstums zu eruieren ist schwieriger und die Gründe sind vielfach auch materialorientiert: Warum wächst an einer Fassade ein ganz bestimmter Pilz dominierend und an der benachbarten Fassade ein anderer oder sogar eine bestimmte Alge? Neben dem Material spielen auch Bauphysik und Ausführung eine wichtige Rolle bei der Schadensanalyse.

1.3 Problematik heute

Eine der wichtigen Aufgaben der Gebäudehülle ist der Wärmeschutz. In den letzten 25 Jahren haben sich die Anforderungen an die wärmetechnische Leistungsfähigkeit der Außenwände drastisch erhöht, die erste Wärmeschutzverordnung stammt aus den 70er Jahren. Die Wärmedurchgangskoeffizienten (U-Werte) für Außenwände in den schweizerischen SIA-Normen wurden von 1977 bis heute um 44% herabgesetzt. Im Kapitel 3 »Bauphysik« ist diese Entwicklung detailliert dargestellt. Auslöser waren Energiesparprogramme aufgrund der Einsicht, dass Erdöl nicht unbegrenzt zur Verfügung steht und immer teurer werden wird. In den letzten Jahren waren es zusätzlich die Erkenntnisse, dass durch das Verbrennen von Erdöl die Atmosphäre verändert wird und dies das Klima für die Menschen negativ beeinflusst.

In der Folge haben sich die Außenwandkonstruktionen gewandelt. Wo früher monolithische Wandkonstruktionen üblich waren, wurden immer öfter mehrschichtige Konstruktionen eingesetzt. Diese Außenwände waren gegenüber den Anforderungen anpassungsfähiger und konnten schlanker, schneller und damit billiger konstruiert werden. Die neuen Anforderungen wurden durch eine größere Dicke der Wärmedämmschicht realisiert. Die verputze Außenwärmedämmung und die Außendämmung mit hinterlüfteter Verkleidung sind typische Vertreter und somit gut geeignet für Neubauten und Altbausanierungen.

Leider zeigte sich bei beiden Konstruktionen in den letzten Jahren ein uner-
wünschter Nebeneffekt in Form von großflächigem Bewuchs durch Algen und
teilweise auch durch Pilze. Davon betroffen waren hauptsächlich Fassaden mit
der Orientierung von Nordost über Nord bis Nordwest. Die Abb. 9 und 10 zeigen typische Beispiele.

Abb. 9:
Außenwärmedäm-
mung mit hinterlüfte-
ter Verkleidung
mit Algenbefall

Abb. 10:
Algenbefall auf einer
verputzten Außen-
wärmedämmung

Diese Nebenwirkungen wurden nicht vorausgesehen, obwohl ihre Ursachen auf eigentlich bekannten Effekten der Bauphysik beruhen. Diese Entwicklung spiegelt die Innovationsweise des Baugewerbes wieder, bei dem es um »try and error« geht und ist schon bei anderen Bauteilen, so z. B. beim Steildach, aufgetreten. Es wird im Allgemeinen bei der Einführung eines neuen Materials oder der Veränderung eines Bauteils nicht auf die nachbarliche Konstruktion Rücksicht genommen und die Materialien werden nur gerade für eine Aufgabe entwickelt, die Wärmedämmung soll eben primär den Wärmedurchgang von innen nach außen vermeiden. Die Auswirkungen dieser veränderten Aufgaben auf andere Bauteile oder Materialien wird erst bei Schadensfällen sichtbar und bedingt dann auch bei diesen anderen Bauteilen Veränderungen. Diese können an dritten Bauteilen wieder Nebeneffekte haben. Diese Entwicklung zeigt, wie stark die Verhältnisse an oder in den Konstruktionen von anderen Konstruktionsteilen abhängen.

Der großflächige Bewuchs steht im Gegensatz zu den Erfahrungen mit Algen, die bei ständig feuchter Umgebung lokal auftreten. Dies war bei feuchten Sockelbereichen oder auch bei Wasser-Zapfstellen an Außenwänden, die ungünstig angeordnet waren schon immer so. Auch von Stützmauern entlang Straßen und Einfahrten und auf Dacheindeckungen war man dies gewohnt, und man akzeptierte diesen Bewuchs als natürliche Alterung und als eigentliche Patina. In den Abb. 11 und 12 sind solche Stellen dargestellt.

Abb. 11:
Ziegel- und Faser-
zement-Eindeckung
mit Algen und
Pilzbefall

Abb. 12:
Algen- und Flechten-
bewuchs an einer
Beton-Stützmauer.
Diese Erscheinung
ist alltäglich und all-
gemein akzeptiert.

Nachdem dieser Bewuchs flächig auf diversen Fassaden aufgetreten war, häuften sich die Klagen der Hauseigentümer. Die Unternehmer wussten anfänglich nicht, wo die Ursache lag und waren etwas hilflos in der Sanierung. Es entbrannte mancher Streit, ob diese Erscheinung nun ein Mangel im Sinne des Werkvertrages wäre oder ob nur eine optische Veränderung vorlag, die der Bauherr hinzunehmen hat.

Von Sachverständigen wurden viele mögliche Ursachen diskutiert. Diese reichten von verschmutztem Farbanstrich über eine Veränderung der Umweltschadstoffe bis hin zu klimatischen Einflüssen. Nähere Abklärungen an der EMPA Dübendorf ergaben, dass ein entscheidender Einfluss beim Einbau von dickeren Wärmedämmschichten lag. Um den minimalen U-Werten zu genügen, mussten auf eine verputzte 18 cm dicke Backsteinwand mindestens die folgenden Dämmstoffdicken (als verputzte Polystyrolplatte berechnet) aufgebracht werden:

1977 – 2 cm; 1980 – 4 cm; 1988 – 4 cm; 1999 – 8 cm; 2014 – 8 cm

In der Realität wurden diese Mindest-Dämmstoffdicken aus anderen Gründen (Gesetze und Bauverordnungen, höherer Standard, Solarhäuser etc.) meist stark übertroffen. In den 80er Jahren wurden Dämmstoffdicken zwischen 5 bis 10 cm verwendet, in den 90er Jahren wurden die meisten Objekte mit Dämmstoffdicken zwischen 8 und 14 cm ausgestattet.

Heute werden verbreitet Wärmedämmungen von 20 bis 30 cm Dicke eingebaut. Mit zunehmender Dicke der Wärmedämmung fließt im Winter als erwünschter Effekt immer weniger Wärme von innen nach außen. Damit wird der äußeren Wandoberfläche immer weniger Wärme zugeführt, d.h. sie wird kälter. Eine 18 cm dicke verputzte Backsteinwand mit einer außen verputzten Wärmedämmung von 5 cm Dicke hat im Winter außenseitig eine höhere Oberflächentemperatur als die gleiche Tragkonstruktion, mit 20 cm Wärmedämmung. Infolge dieser Abkühlung entsteht immer häufiger und zeitlich länger Kondensat auf der Wandoberfläche, was offenbar die nötige Feuchtigkeit für den Bewuchs liefert.

2 Mikrobiologie

2.1 Was sind Algen?

Algen nutzen das Sonnenlicht als Energiequelle und produzieren durch Photosynthese Biomasse. Zur Photosynthese brauchen sie, wie höhere grüne Pflanzen, sogenannte Chromatophoren mit Assimilationspigmenten (z. B. Chlorophyll). Diese Assimilationspigmente dienen der Alge zur Photosynthese, und dem Biologen auch zur Einteilung der Algen in systematische Gruppen. Man unterscheidet Grünalgen, Gelbgrünalgen, Rotalgen, Braunalgen, Blaugrünalgen (diese heißen auch Blaualgen) usw.

Die Blaualgen sind systematisch betrachtet keine wirklichen Algen, es handelt es sich um grün pigmentierte Bakterien. Für die praktische Beurteilung von Bewuchs können sie aber zu den Algen gerechnet werden, da sie sich als Bewuchsbildner am Bau physiologisch wie »richtige« Algen verhalten. An Bauwerken außerhalb des Meerwassers spielen von den vielen bestehenden Gruppen nur die Grünalgen, die Blaualgen und die Gelbgrünalgen eine Rolle. An diesen Standorten kommen nur mikroskopisch kleine Algen vor, die erst durch Massenvermehrung als sichtbare Kolonie erscheinen. Diese hauptsächlich grün gefärbten Lebewesen leben einzellig, fädig oder koloniebildend an der Materialoberfläche oder bei porösen Materialien auch nahe unter der Materialoberfläche, wo ihnen das Licht zur Photosynthese ausreicht. Diese Lichtabhängigkeit aller Algen zeigt sich besonders klar in touristisch erschlossenen Höhlen: Wo eine Beleuchtung installiert ist, verfärben sich Boden, Wände und Ausstattung oft grün. Wenn das Licht zu knapp ist, können Algen nicht mehr wachsen. Für die Algenkultur im Labor werden mindestens 1000 Lux empfohlen. Je länger der Tag ist oder die Beleuchtung dauert, umso länger ist Wachstum möglich.

An einem Kirchturm mit auffallendem Bewuchs wurde dieser mehr oder weniger gut entfernt. Nach der Renovierung mit einem neuen Anstrich auf den bisherigen Putz wurde die Kirche außen mit einer neuen Beleuchtung versehen. Diese Beleuchtung des Kirchturms hat dann dazu geführt, dass innerhalb weniger Jahre wieder großflächiger Algen- und Flechtenbewuchs sichtbar wurde. Die mikroskopische Untersuchung hat gezeigt, dass der frühere Bewuchs den neuen Anstrich von unten durchdrang und als grünschwarze Verfärbung wieder sichtbar wurde.

Im Labor eignet sich zur Algenzucht ein Standort nahe bei einem nach Norden exponierten Fenster, das heißt, möglichst ohne direkte Sonneneinstrahlung und entsprechend starken Temperaturwechseln.

Blaualgen und Algen wurden früher zu den niederen Pflanzen gezählt. Diese Bezeichnung ist zwar heute durch molekularbiologische Analysen weitgehend

Abb. 13:
Mikrofoto der
Grünalge
Pleurococcus sp.:
am Bau zeichnen
sich die Algen durch
oft variable Zell-
morphologie aus

Abb. 14:
Mikrofoto der
Grünalge
Stichococcus
bacillaris mit
Chromatophoren

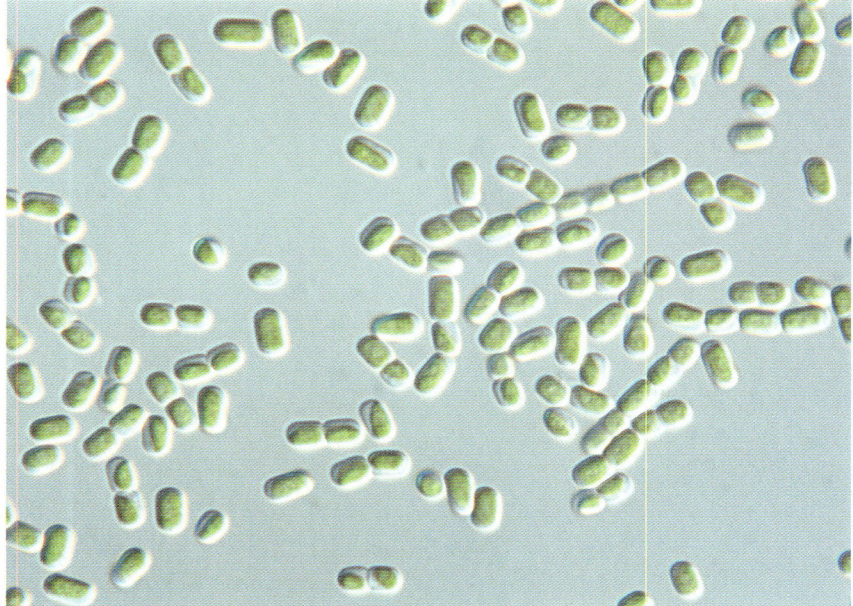

hinfällig, sie sagt aber treffend aus, dass diese Algen und algenähnliche Bakterien ihre Energie wie die höheren oder »richtigen« Pflanzen durch Photosynthese gewinnen, d. h. dass Algen nur dort gedeihen, wo Licht vorkommt. Weiter bedeutet die Zurechnung der Algen zu den niederen Pflanzen auch, dass sie nicht in Blätter, Stamm und Wurzeln gegliedert sind. Bei den frei schwimmenden planktischen Algen (Planktonten) unserer Gewässer und den benthischen Algen (Benthonten), die als Biofilme Steine und höhere Pflanzen in langsam fließenden Gewässern besiedeln, handelt es sich um fragile, gegen Austrocknung empfindliche Wesen. Auch die an der Luft lebenden Algen sind auf Wasser angewiesen. Oft bilden diese Mikroalgen zusammen mit andern Mikroorganismen einen Biofilm, der dann Schutz gegen Chemikalien und gegen das Austrocknen bietet.

Für ihr Wachstum brauchen sie genügend Wasser, um ihren Stoffwechsel und die Photosynthese aufrecht zu erhalten. Oft ist Algenbewuchs an einer Fassade je nach Wetter mehr oder weniger sichtbar. Am Ende einer Feuchtperiode ist der Algenteppich an der Fassade oft klar und grün zu erkennen. Grünalgen der Gattung Trentepohlia können auch leuchtend rote Biofilme bilden. Nach dem Austrocknen der Fassade kann ein derartiger Biofilm sein Aussehen völlig ändern. Manchmal erscheint er nur noch leicht gräulich oder wird sogar praktisch unsichtbar. Durch Anfeuchten mit Wasser wird Algenbewuchs jedoch bald wieder grün. Diese Wasseraufnahme erfolgt durch Osmose. Im Zellinneren wird ein wässriges Milieu benötigt, um die Lebensprozesse aufrecht zu erhalten. Wenn in der Umwelt mehr Wasser vorkommt als im Innern, dann erfolgt ein Ausgleich infolge des osmotischen Druckes. Durch Wasseraufnahme tritt die Alge aus der Ruhephase in die aktive Phase mit Wachstum und Photosynthese.

Eine andere Einteilung der Lebewesen hat die Algen auch zu den Kryptogamen, »die im Verborgenen Blühenden«, gestellt. Bei Algenwachstum entwickelt sich aus mikroskopisch kleinen Zellen ein Algen-Biofilm, der oft schon von weitem sichtbar ist: Bewuchs an einer Fassade, auch sogenannte »Tintenstriche« an Felswänden (Wasserablaufspuren), usw.

2.2   Was sind Pilze?

So wie bei den Algen verschiedene Entwicklungslinien als Algen zusammengefasst werden, sind auch »die Pilze« sehr vielgestaltig und verschieden entwickelt. Was aber im Bauwesen und an der Fassade vorkommt, sind echte Pilze. Dazu gehören alle mit den Hutpilzen des Waldes verwandten holzzerstörenden Pilze, aber auch alle Schwärzepilze an Fassaden und viele der sogenannten Schimmelpilze.

Pilze sind auf organisches Material als Energie- und als Kohlenstoffspender angewiesen. Wie der Mensch veratmen sie diese Stoffe und gewinnen daraus ihre Energie. Als Mikroorganismen sind ihre Sporen auf äußere Feuchtigkeit zur Keimung und zum Wachstum angewiesen. Sporen sind Lebensstadien zum Überdauern von Trockenperioden, aber auch zur Massenverbreitung.

Tab. 1:
Beschreibung
einiger Pilz-Begriffe,
Pilzgruppen und
Wuchsformen der
Echten Pilze

Schwärzepilze (Dematiaceae)	Schwärzepilze zeichnen sich dadurch aus, dass sie in den Zellwänden dunkle Pigmente, oft Melanin-Farbstoffe, eingelagert haben. Diese bewirken, dass das Pilzwachstum durch die Eigenfarbe der gewachsenen Pilzzellen sichtbar wird. Zu dieser Gruppe gehören alle verfärbenden störenden Pilzkolonien der Fassaden, aber auch die im Holzschutz als Bläuepilze beschriebenen Pilze.
Schimmelpilze	Kolonien, die nicht nur im Substrat wachsen, sondern auch als Luftmycel oder sporenbildende Rasen sichtbar werden, bewirken durch ihre vom Substrat abstehenden Partien ein »verschimmeltes« Aussehen. Dies kann von Schwärzepilzen oder ungefärbten Pilzen herrühren.
Fruchtkörper oder Fruktifikation	Pilze wachsen durch Zellteilung. Pilzfäden wachsen an Spitze oder an Verzweigungen durch Zellteilung weiter. Die Gesamtheit dieser Pilzfäden nennt man Mycel. Oft wird durch äußere Bedingungen (Feuchte, Licht, usw.) die Sporenbildung eingeleitet. Die Sporenentwicklung nennt man Fruktifikation. Die Sporenbildung geschieht an oder in Fruchtkörpern. Man unterscheidet sexuelle und asexuelle Fruktifikation.
Asexuell gebildete Spore	Im typischen Fall der Schimmelpilze entwickeln sich an einem speziellen Pilzfaden, dem Sporenträger, durch Zellteilung Pilzsporen. Bei anderen Gruppen kann sich der Pilzfaden selbst teilen, fragmentieren und aus jeder seiner Zellen eine Spore entstehen lassen.
Hefepilz	Hefen vermehren sich asexuell durch Sprossung, indem sich an einer Mutterzelle eine Tochterzelle wie eine Ausstülpung bildet und als Sprosszelle dann ablöst.
Sexuelle Fruktifikation	Sexuelle Fruktifikation entsteht nicht als einfache Abschnürung oder Ausstülpung von einer sporenbildenden Zelle, sondern ist das Resultat der Verschmelzung von zwei Zellkernen und anschließender Reduktionsteilung des Chromosomensatzes. Beispiele sind alle Hutpilze des Waldes, aber auch unscheinbar kleine Fruchtkörper von Schimmelpilzen.

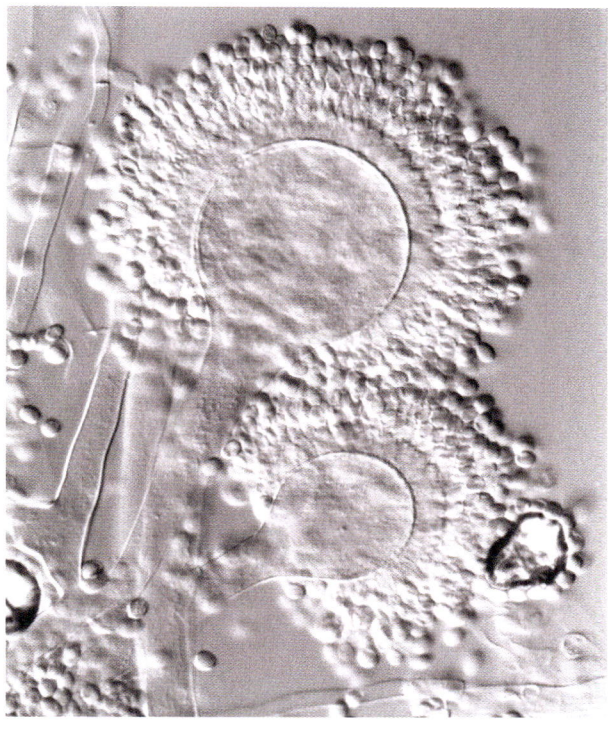

Abb. 15:
Sporenbildung beim
Schimmelpilz Asper-
gillus sp. An kopfigen
Sporenträgern ent-
stehen Ketten von
Schimmelpilzsporen.

Abb. 16:
Schimmelaspekt
Von Verschimmelung
redet man, wenn
ein Teil des Pilzla-
gers als Luftmycel
ausgebildet ist. Oft
findet am Luftmycel
die Sporenbildung
statt (vgl. Millimeter-
maßstab).

2.3   Lebensgrundlagen für Mikroorganismen

Mikroorganismen sind ernährungsphysiologisch uneinheitlich. Pilze gehören zu den Kohlenstoff heterotrophen Lebewesen. Das heißt, ihnen muss organisch gebundener Kohlenstoff als Kohlenstoff- und Energiequelle angeboten werden. Algen dagegen gehören zu den Kohlenstoff autotrophen Lebewesen: Als Kohlenstoffquelle dient ihnen das Kohlendioxid der Luft und als Energiequelle die Sonnenenergie. Beiden Gruppen gemeinsam ist, dass sie viel Feuchtigkeit brauchen.

Tab. 2:
Algen, Pilze und
Mikroorganismen in
der Natur

	Energiequelle	C-, Bausteinquelle	Licht	Wasser
Algen	Sonne	CO_2	nötig	nötig
Pilze	Organ. Materie	Organ. Materie	nicht nötig	nötig
Bakterien*	Organ. Materie	Organ. Materie	nicht nötig	nötig
Flechten**	Sonne (& organ. Materie)	CO_2 (& organ. Materie)	nötig	nötig

*   gilt für Mineralisierer (nicht alle Bakterien)
** Flechten sind eine Symbiose von Alge und Pilz: Die Alge produziert durch Photosynthese
    organische Stoffe als Nahrung für den Pilzpartner und der Pilz bietet der Alge Schutz vor
    dem Austrocknen.

Algen und Pilze unterscheiden sich also im Energie- und C-Stoffwechsel, doch nicht im Anspruch an eine hohe Material- oder Luftfeuchte. Diese nötige Feuchte wird in der Natur entweder durch Regen, hohe Luftfeuchte oder Kondensation zur Verfügung gestellt. Kondensation sorgt dafür, dass fast jede Nacht Tauwasser anfällt, das Algen, Bakterien, Pilzen und Flechten den Stoffwechsel ermöglicht. Flechten können als Symbionten durch Photosynthese vom CO_2 der Luft leben. Sie sind dadurch in der Natur in der Lage, auf extremen Standorten wie Kalk- oder Quarzgestein unserer Alpen zu wachsen.

Sonnenlicht ist nicht nur Energiespender für kohlenstoffautotrophe Lebewesen. Der Ultraviolettanteil des Sonnenlichts kann antimikrobiell wirken. Verbreitet ist die Auffassung, dass der Grund für die fast alleinige Anwesenheit von Schwärzepilzen an einer Fassade darin zu sehen ist, dass die Pigmentierung der Zellwand diese Pilze vor der schädlichen UV-Strahlung bewahrt. Noch stärkere Folgen als die UV-Lichteinwirkung kann die Sonnenenergie durch Austrocknung bewirken, was bei Algen deutlich zu sehen ist. Bewachsene Fassaden sind vorwiegend Nordost über Nord bis Nordwest orientiert. Ein Grund für das fast völlige Fehlen von Algenwachstum an Südfassaden ist sicher, dass starke Besonnung die Zellen austrocknet. Zur Aufrechterhaltung der Lebensprozesse müssen die Zellen der Algen und Pilze genügend Wasser enthalten. Sie nehmen es durch Osmose solange auf, bis die Lösung im Zellinneren weniger als in der Umgebung gesättigt ist.

2.3.1 Feuchteabhängigkeit der Mikroorganismen

Damit Mikroorganismen Wasser aufnehmen können, muss die Wasseraktivität des Milieus (die dort herrschende Verfügbarkeit von Wasser) höher sein als jene der Zelle. Im Laborversuch wurden schon zahlreiche Organismen auf ihre minimalen Wasseransprüche analysiert. Es gibt keine Mikroorganismen, die bei einer Gleichgewichtsfeuchte von weniger als 65 % rel. Luftfeuchte wachsen können. Bei einer Ausgleichsfeuchte entsprechend etwa 70 – 75 % rel. Luftfeuchte können bereits einige der Schimmelpilze keimen und wachsen. Und bei etwa 85 % rel. Luftfeuchte können sich bereits etwa 50 % aller in der Umgebungsluft vorhandenen Cladosporium- Stämme entwickeln.

Die Wasseraktivität eines Habitats wird als aw-Wert dargestellt. Die Wasseraktivität von 0,75 bedeutet eine Gleichgewichtsfeuchte, die einer relativen Luftfeuchte von 75 % entspricht. Für die Verfügbarkeit von Wasser ist nicht nur die relative Feuchte der Umgebungsluft maßgebend. Entscheidend ist die relative Feuchte im Gleichgewicht direkt an der Materialoberfläche. Algen haben höhere Wasseransprüche als Pilze.

C. Grant. et al. haben für zahlreiche in feuchten Wohnungen vorkommende Pilze experimentell bestimmt, dass viele der früher genannten aw-Werte eher zu tief lagen. Während die Literaturwerte für den Schimmelpilz Aspergillus repens bei einem Minimum von 0,7 definiert waren, haben sie in eigenen Experimenten aw-Werte von 0,76 (bei 25 °C) und 0,79 (bei 12 °C) bestimmt. Die jeweils unterschiedliche Versuchsanordnung erklärt die oft widersprüchlichen Minimalfeuchten, ab denen Pilzwachstum möglich ist.

Mikroorganismus	aw-Werte*
Alternaria alternata	0,89
Cladosporium cladosporioides	0,84
Cladosporium sphaerospermum	0,84
Phoma herbarum	0,93
Aureobasidium pullulans	0,89
Aspergillus repens	0,76

Tab. 3:
Minimal benötigte Wasseraktivität in der Umgebung bei 25 °C

* nach C. Grant et al. 1989

Eigene Untersuchungen (Raschle P. et al., 1989) haben zudem ergeben, dass verschiedene Isolate oder Stämme desselben Pilzes sich physiologisch unterscheiden können. Während von sechs untersuchten und von Fassaden isolierten Aspergillus-Stämmen alle bei einer Umgebungsfeuchte von 85 – 90 % RLF wachsen konnten, waren es bei 49 untersuchten Cladosporium-Stämmen noch 41 % und bei 15 Alternaria-Stämmen keiner, die bei diesem Klima keimen und wachsen konnten.

Die Verfügbarkeit des Wassers kann also nicht als alleinige Funktion der relativen Luftfeuchtigkeit betrachtet werden. Das bedeutet, dass bei einer definierten Luftfeuchtigkeit nicht alle Materialien gleichmäßig bewachsen werden. Experimentell ist nachgewiesen, dass bestimmte Materialien in einer pilzhaltigen Umgebung bei bestimmter rel. Luftfeuchte verschimmeln, andere bei gleichen Umgebungsbedingungen jedoch noch nicht (Block, S. 1953/1954). Die Hygroskopizität und die Nahrungsqualität des Materials entscheiden mit, ob z.B. bei einer Umgebungsfeuchte von 75% rel. Luftfeuchte Bewuchs möglich ist.

Tab. 4:
Pilzwachstum in Abhängigkeit der Umgebungsfeuchte, des Substrats und der Pilzart (Billeter, N. 1997)

Pilz	75% RLF		85% RLF		95% RLF	
Aspergillus glaucus	Auf Gelatine starkes Wachstum	Auf Klucel kein Wachstum	Auf Gelatine starkes Wachstum	Auf Klucel schwaches Wachstum	Auf Gelatine starkes Wachstum	Auf Klucel starkes Wachstum
Cladosporium sp.	Auf Gelatine kein Wachstum	Auf Klucel kein Wachstum	Auf Gelatine schwaches Wachstum	Auf Klucel kein Wachstum	Auf Gelatine starkes Wachstum	Auf Klucel starkes Wachstum

In der Praxis ist zudem die Belüftung wichtig. Bei feuchter Umgebung mit stagnierender Luft ist Bewuchs möglich, während bei einer die Oberfläche überstreichenden Luftströmung und gleicher Umgebungsfeuchte kein Bewuchs möglich ist.

Die umfassende Beurteilung dieser eigenen und zitierten Resultate zeigt, dass für einige an der Fassade zu findende Pilze (*Alternaria, Cladosporium, Aureobasidium, Phoma*) bei einer Gleichgewichtsfeuchte von 75% noch nicht mit Wachstum zu rechnen ist, dass aber bei 85% Gleichgewichtsfeuchte Wachstum verschiedener Schwärzepilze möglich wird. Diese Grenzwerte sind für die Baupraxis relevant. Andere Pilze, die im Gebäudeinnern als Kolonie vorkommen (wie *Aspergillus sp.*) können dort jedoch schon bei 75% (je nach Substrat unterschiedlich) gut gedeihen.

2.4   Aerobiologie

Wenn im Sommer neben der Pollensituation im Radio auch die Pilzsporenverbreitung erwähnt wird, bedeutet dies, dass bestimmte Pilzsporen in Mengen in der Umgebung vorkommen. Als zeitweise dominierender Schimmel- oder Schwärzepilz der Umgebungsluft wurde *Cladosporium* sp. durch Aerobiologen untersucht. (Gubler et al., 1994) haben beschrieben, dass die Sporen dieses häufigsten extramuralen Schimmelpilzes leicht mit der Luft verbreitet werden, sogar über Ozeane hinweg. Dieser Pilz gehört zur Gutwetterflora unserer Breiten, im höheren Norden tritt er seltener auf. Zwischen Juni und September wurden am Messstand der Kantonalen Universitätsklinik im Zentrum von Zürich die jeweils höchsten Sporenmengen festgestellt.

	1984	1985	1986
Anteil von *Cladosporium* Sporen an allen Pilzsporen übers ganze Jahr [%]	79	74	79
Hauptperiode der Verbreitung von *Cladosporium*	Juni – Sept.	Juni – Sept.	Juni – Sept.
Mittelwert der Sporenzahl in der Hauptperiode [Sporen/m³·d]	3582	4251	3270

Tab. 5:
Verbreitung von
Cladosporium
Sporen in der Luft
von Zürich Zentrum

Konidien von *Cladosporium* machen somit in der City von Zürich etwa 80 % aller luftverbreiteten Pilzsporen aus. Das sind in der Hauptverbreitungsperiode dieses Pilzes im Mittel über diese vier Sommermonate pro Tag und m³ etwa 3200 bis 4200 Pilzsporen dieses Schwärzepilzes, der auch der häufigste Fassadenbewohner ist.

Bei einem Überschreiten des Grenzwertes von etwa 2500 Pilzsporen pro m³ Luft treten bei Cladosporium-Allergikern Krankheitssymptome auf. Diese Pilzsporen (im Bauwesen extramural dominierend) gehören zu jenen Pilzen, die bei Bewuchsanalysen von dunklen Flecken an Fassaden am häufigsten festgestellt werden. Die größten Mengen in unserer Umgebungsluft wurden jeweils zu Beginn einer Niederschlagsperiode bestimmt. Das bedeutet, dass wir aus diesen aerobiologischen Daten folgern können, dass zu Beginn von möglichen Wachstumsbedingungen (Feuchte durch Niederschlag) auch die meisten dieser sonst in höheren Luftschichten vorhandenen Sporen an Bauwerke gelangen. Wenn sie dort neben Feuchte auch Nahrung vorfinden, entwickeln sich Pilzkolonien.

2.5   Bedeutung der Dauer der Feuchtperiode »time of wetness«

Pilzsporen können im Ruhezustand Trockenzeiten überdauern. Aus dieser Ruhephase heraus beginnt durch Wasseraufnahme die Sporenkeimung und das Zellwachstum. Die Feuchte, die zur Keimung nötig ist, ist meistens höher als jene, die zum Wachstum der Pilzkolonie, dem Zellwachstum nötig ist (Grant C. et al., 1989). Pilze können Trockenzeiten normalerweise gut überdauern. Diese Diskussion ist zentral für das Pilzwachstum im Bauwesen, denn es ist eher selten der Fall, dass die zum Wachstum optimale Feuchte über lange Perioden anhält. Es stellt sich die Frage, wie lange zum Beispiel pro Tag hohe Feuchte des Verputzes dauern muss, um Wachstum zu ermöglichen. Eine Untersuchung an porösem Untergrund mit praxisüblichem Anstrich ergab (Adan 1994, zitiert in van der Wel G. K. et al. 1998), dass das Pilzwachstum dann plötzlich stark in Er-

27

scheinung trat, wenn täglich während 50 % der Zeit Wachstumsklima herrschte. Das heißt, dass bei 0,5 w/h eine Gleichgewichtsfeuchte von mindestens 80 % rel. Feuchte ausreichte, damit Pilze zum Problem wurden. Diese Messungen erfolgten auf Gips-Werkstoffen. Das zeigt, dass im Badezimmer anzustreben ist, dass die am Morgen nach dem Duschen angefallene Feuchte als Zeitspanne mit jener des abendlichen Duschens nicht zu einer Feuchteperiode von 12 Stunden wird. Je rascher die Feuchte wieder abgeführt wird, umso kleiner ist das Risiko von Bewuchs. Dieses »Time of wetness Konzept« kann auch für die Fassade übernommen werden. Wenn die Fassade Feuchte aufnimmt, muss sie diese rasch wieder abgeben können. An der Fassade können jedoch die Grenzwerte etwas modifiziert werden: Als Minimalfeuchte für Schwärzepilze können in der Praxis etwa 85 % rel. Feuchte angenommen werden, für Algen eine noch höhere Feuchte.

2.6   Kardinaltemperaturen

Jeder Organismus bevorzugt verschiedene Wachstumstemperaturen. Psychrophil nennt man Lebewesen, die sich bevorzugt bei tieferen Temperaturen aufhalten. Als mesophil werden Lebewesen bezeichnet, die sich auch bei Zimmertemperaturen entwickeln, aber auch bei tieferen Umgebungstemperaturen, wenn auch langsamer, wachsen. Thermophil werden Mikroorganismen genannt, die erst bei erhöhter Zimmertemperatur wachsen und selbst bei Temperaturen zwischen 30 und 40 °C gut gedeihen.

Die meisten an der Fassade zu findenden Mikroorganismen gehören zu den mesophilen oder psychrophilen Organismen.

Als Kardinaltemperaturen des Wachstums bezeichnet man die

- Minimaltemperatur, also jene Temperatur, bei welcher Wachstum möglich wird. Dies ist für psychrophile Organismen im Bereich um –2 °C bis –7 °C, wenn die Feuchte noch als Wasser und nicht als Eis in der Mikrobenzelle vorhanden ist.
- Optimaltemperatur, also jene Temperatur, die optimales Wachstum erlaubt. Eigene Untersuchungen (Weirich 1989, zitiert in Raschle et al. 1989) mit von der Fassade isolierten Pilzen haben ergeben, dass die meisten Pilzstämme ihr Wachstumsoptimum bei etwa 20 - 25 °C hatten.

Tab. 6:
Wachstumsoptimum
für einige Pilze von
Fassaden

	%-Anteil der Pilz-Stämme mit Wachstumsoptimum bei					
	10 °C	15 °C	20 °C	25 °C	30 °C	35 °C
Cladosporium	0	14	31	55	0	0
Alternaria	0	0	20	80	0	0
Penicillium	0	0	28	65	7	0

- Bei der Methodenentwicklung im Rahmen der International Biodeterioration Research Group (IBRG) und eigenen Untersuchungen zur Bestimmung des Verhaltens von Anstrichen und Putzen gegenüber verschiedenen Grün- und Blaualgen wurde als Optimaltemperatur für eine Mischung verschiedener Algen eine Temperatur von etwa 20 °C bis 23 °C bestimmt (Grant, C. 1981).
- Maximaltemperatur, für normalerweise an Fassaden vorkommenden Mikroorganismen liegt sie bei etwa 30 °C. Diese Temperatur bedeutet aber nicht dass Temperaturen oberhalb von 30 °C für diese Mikroorganismen tödlich wären. Dies trifft zwar für einige nicht sporulierende Pilzarten zu, ist jedoch die Ausnahme. Erst Temperaturen oberhalb von 60 °C sind zellschädigend. weil bei dieser Temperatur Eiweiß (Enzyme) zerstört wird.

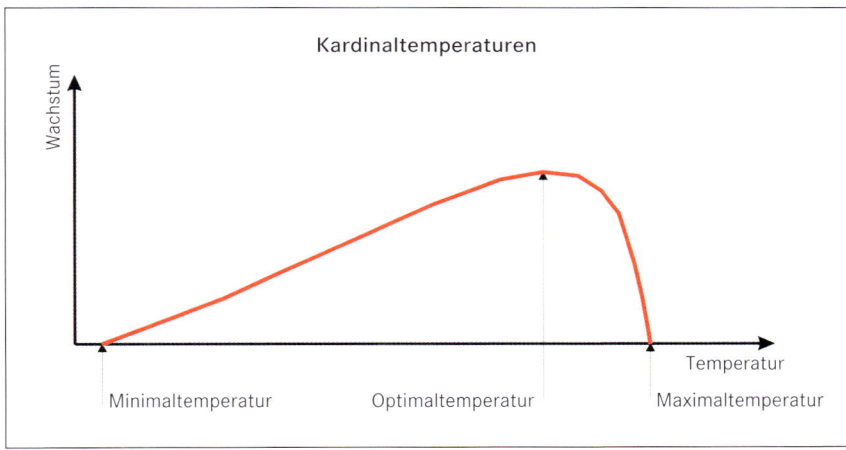

Abb. 17:
Kardinal-
temperaturen
des Wachstums

29

3 Bauphysik

3.1 Allgemeine Zusammenhänge

Wie schon in der Einleitung angedeutet wurde, haben sich Gesetze, Normen und Richtlinien in den letzten Jahrzehnten in Bezug auf die Wärmeschutzmaßnahmen stark verändert. Als erwünschte Folge davon konnte der Energieverbrauch der Gebäudeheizungen und damit der Verbrauch an fossilen Energieträgern drastisch gesenkt werden. Diese Wirkung darf nicht mehr rückgängig gemacht werden und wird auch in Zukunft noch fortgeführt werden.

Als Nebenwirkung dieser Entwicklung treten Erscheinungen auf, wie der hier behandelte mikrobielle Bewuchs an Fassaden. Diese Nebenwirkungen können hauptsächlich an Fassaden beobachtet werden, die eine geringe Wärmespeicherkapazität der »kalten« Schichten aufweisen.

Als Hauptursachen für die tiefen Oberflächentemperaturen von Fassaden können die in der folgenden Grafik dargestellten fünf Einflussfaktoren verantwortlich gemacht werden.

Abb. 18:
Einflussfaktoren
für tiefe
Oberflächen-
temperaturen

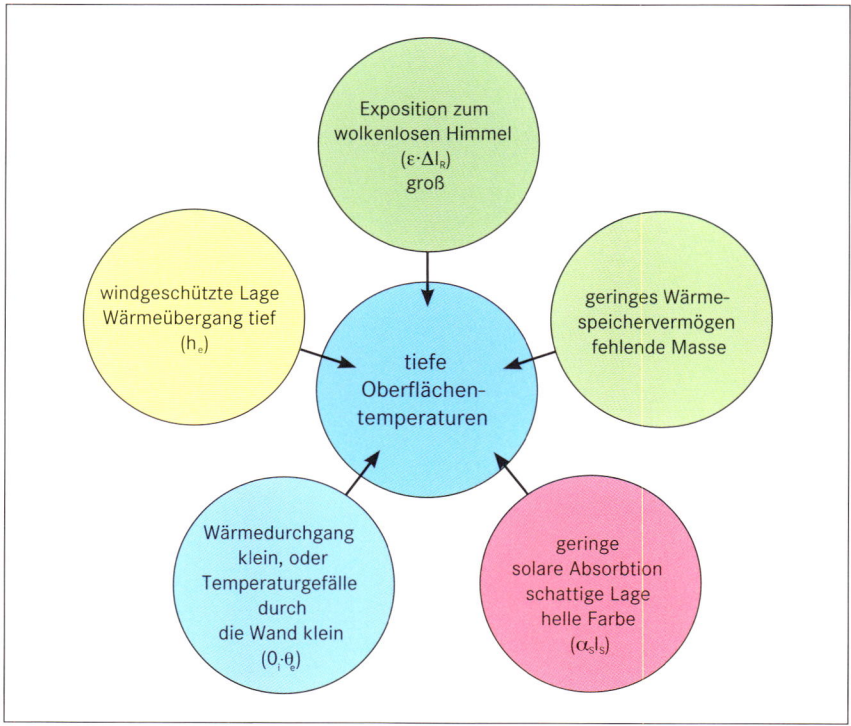

Darüber hinaus haben Faktoren wie Speicherfähigkeit der Wand, feuchtes Mikroklima, Höhenlage, häufige Inversionslagen, Bewuchs in der Nähe der Fassade, etc. ebenfalls einen größeren oder kleineren Einfluss auf die Dauer der Befeuchtung der Oberflächen. So wird z. B. in der Schweiz selten ein großflächiger Algenbewuchs in Höhenlagen über 800–1000 m ü. N. N. beobachtet.

Für den mikrobiellen Bewuchs auf den Fassaden von Häusern kann eine Ursache-Wirkungskette für den Winterzustand hergestellt werden. Deren erstes Glied liegt bei den Regelwerken, die Vorgaben bezüglich des Wärmeverlustes machen, das letzte Glied liegt beim Bewuchs. Die ganze Kette zeigt sich folgendermaßen:

Geringerer U-Wert – dickere Wärmedämmung – kleinerer Wärmefluss – tiefere äußere Oberflächentemperatur – längere Kondensatperioden – größere Wasserbelastung – mehr Bewuchs bzw. Bewuchs wird möglich.

Die einzelnen Ursachen und deren Wirkungen werden im Folgenden detailliert erklärt und begründet.

3.2 Geringere U-Werte – dickere Wärmedämmung

Die Entwicklung der Anforderungen an die wärmedämmende Wirkung der Außenwände wird anhand der schweizerischen SIA-Normen (Schweiz. Ingenieur- und Architekten-Verein, Zürich) aufgezeigt. Diese minimalen Anforderungen werden durch kantonale und kommunale Gesetze und Verordnungen in vielen Fällen beträchtlich übertroffen.

Ausgabe	Norm		Wände gegen Außenklima [U-Wert in W/m²K]	Dämmstoffdicke* [cm]
1970	SIA 180	»Empfehlung für den Wärmeschutz im Hochbau«	genügend	–
1977	SIA 180/1	»Winterlicher Wärmeschutz im Hochbau«	0,9	2
1980	SIA 180/1	»Winterlicher Wärmeschutz im Hochbau«	0,6	4
1988	SIA 180	»Wärmeschutz im Hochbau«	0,6	4
1999	SIA 180	»Wärme- und Feuchteschutz im Hochbau«	0,4	8
2009	SIA 180	»Wärme- und Feuchteschutz im Hochbau«	0,4	8
2014	SIA 180	»Wärmeschutz, Feuchteschutz und Raumklima in Gebäuden	0,4	8

Tab. 7:
Entwicklung der Mindest-U-Werte für Außenwände (Norm SIA 180 bzw. 180/1)

* Um diesen minimalen U-Werten zu genügen, mussten auf eine innenseitig verputzte, 18 cm dicke Backsteinwand die angegebenen Wärmedämmdicken (verputzte Polystyrolplatte) aufgebracht werden.

In der täglichen Praxis wurden diese Mindestwärmedämmdicken aus anderen Gründen meist stark übertroffen. So werden heute meist Wärmedämmung von 18 und mehr Zentimeter Dicke eingebaut.

Der Zusammenhang zwischen U-Wert und Dämmdicken entspricht unter der vorher genannten Voraussetzung etwa den in Abb. 19 dargestellten Werten. Der geforderte U-Wert, der anfänglich noch leicht mit dickeren massiven Mauerwerken erbracht werden konnte, wurde bald durch den Einbau von speziellen Wärmedämmstoffschichten erfüllt. Diese neue Schicht war anfänglich auf der Innenseite oder in der Mitte der Tragkonstruktion angeordnet. Erst mit dem Auftreten von negativen Auswirkungen und mit der Entwicklung von armierten Dünnschicht-Verputzsystemen wurde die bauphysikalisch vorteilhaftere Anordnung außerhalb der Tragkonstruktion möglich, ohne dass eine hinterlüftete Verkleidung erforderlich war.

Abb. 19:
Zusammenhang zwischen U-Werten und Dämmdicken. Die Berechnung erfolgte für eine verputzte Außenwärmedämmung auf einem 18 cm dicken verputzten Backsteinmauerwerk; (Polystyroldämmung (EPS): 15 kg/m³).

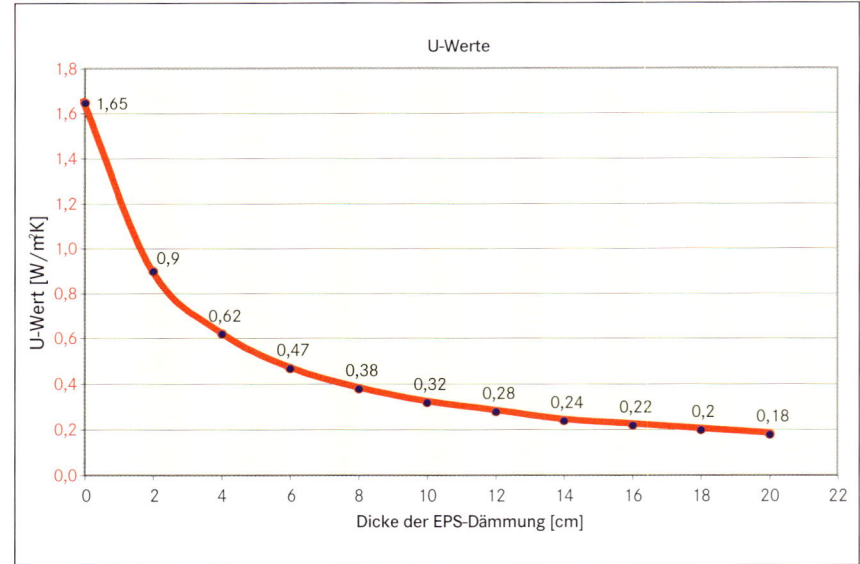

3.3 Dickere Wärmedämmung – kleinerer Wärmefluss

Diese Ursache-Wirkungskette ist die Absicht hinter der Verschärfung der Normen. Durch die dickere Wärmedämmung wird der Wärmedurchgangswiderstand linear zur Dicke erhöht, was den Verlust von Wärme durch die Gebäudehülle und damit von Heizenergie reduziert.

Alternativ zur Steigerung der Dämmstoffdicke kann natürlich auch die Wärmeleitfähigkeit (λ) des Dämmmaterials reduziert werden. Dadurch kann mit gleicher Materialdicke ebenfalls ein besserer U-Wert erreicht werden. Allerdings sind hier materialtechnische Grenzen gesetzt, da die Wärmeleitfähigkeit ein Materialkennwert ist, der nicht beliebig verändert werden kann. Das führt manchmal dazu, dass ein Material gesucht und angeblich gefunden wird, das mit einer noch kleineren Wärmeleitfähigkeit ausgestattet ist. Beim Einsatz am Objekt zeigt sich dann aber schnell, dass andere Eigenschaften des Alternativdämmstoffes sich nachteilig auf die Konstruktion auswirken oder die Verarbeitung erschweren. Es ist darum genau zu prüfen, ob ein Alternativmaterial, das bessere Dämmeigenschaften hat, auch den übrigen Anforderungen des gewünschten Einsatzes genügt.

3.4 Kleinerer Wärmefluss – tiefere äußere Oberflächentemperatur

Durch den reduzierten Wärmefluss wird weniger Energie an die äußere Oberfläche geführt. Dadurch wird diese von der Innenseite weniger stark aufgewärmt.

In Abb. 20 werden die theoretischen äußeren Oberflächentemperaturen von Außenwänden nach der folgenden Formel für verschiedene Dämmdicken einer einheitlichen Konstruktion aufgezeigt.

Äußere Oberflächentemperatur: $\theta_{oe} = \theta_e + \dfrac{U}{h_e}(\theta_i - \theta_e)$ (Formel 1)

Es bedeuten:

θ_{oe} = äußere Oberflächentemperatur der Fassade

θ_e = Außenlufttemperatur (–10 °C)

θ_i = Innenlufttemperatur (+20 °C)

U = Wärmedurchgangskoeffizient (U-Wert)

h_e = äußerer Wärmeübergangskoeffizient

Diese Betrachtungsweise gilt für die übliche Berechnung von stationären Verhältnissen des Wärmeflusses durch eine Außenwand. Es entspricht einem Durchschnitt von Tag- und Nachtperioden bei einer durchschnittlichen Witterung.

Für die spezielle Betrachtung der Verhältnisse an der Oberfläche während der für das Wachstum von Mikroorganismen kritischen Zeit genügt diese Betrachtungsweise nicht mehr. Für diese speziellen Verhältnisse ist es von grundsätzlicher Hilfe, wenn man die Energiebilanz an der äußeren Oberfläche während einer klaren Nacht im Winter näher betrachtet. Dabei müssen alle möglichen Energieflüsse einander gegenübergestellt und daraus ein Gleichgewicht hergestellt werden (vgl. Abb. 21). Es ist bekannt, dass bei klarem Himmel die Oberfläche der Außenwand mehr Wärme gegen die kältere Umgebung abstrahlt (stärkerer Zusatzverlust). Diese Abstrahlung folgt dem Strahlungsgesetz, welches besagt, dass Wärme von einem wärmeren Körper zu einem kälteren Körper

Abb. 20:
Zusammenhang
zwischen Dämm-
dicken und Ober-
flächentemperatu-
ren. Die Berechnung
erfolgte für eine
verputzte Außen-
wärmedämmung auf
einem 18 cm dicken
verputzten Back-
steinmauerwerk;
(Polystyroldämmung
(EPS): 15 kg/m³)

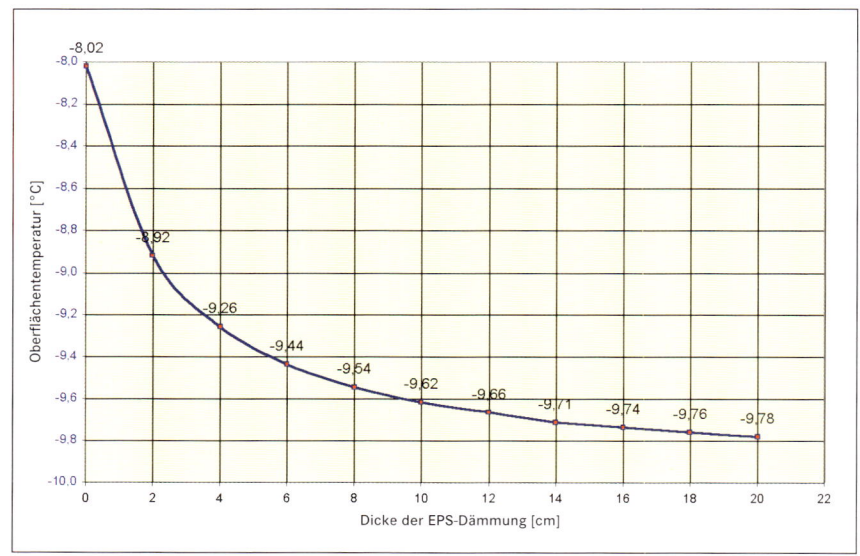

durch Strahlung übertragen wird. Die Wärmemenge, die so übertragen wird, ist u.a. abhängig von der Temperaturdifferenz der beiden Oberflächen. Zudem fehlt während der Nacht der Strahlungsgewinn der Sonne, d.h. der Globalstrahlung. Im Weltall herrscht eine Temperatur von 3 K (ca. −270 °C). Diese wirkt sich aber nicht direkt auf die Erdoberfläche aus, da die Atmosphäre Schutz bietet.

Abb. 21:
Wärmeströme an
der Gebäudehülle.
Die Summe aller
Wärmeströme
muss für einen
stabilen Zustand
null ergeben.
Während der Nacht
fällt der Solarstrah-
lungsgewinn weg.
Ebenso wird der Wär-
meübergang außen
bei Unterkühlungen
negativ, d.h. die
Oberfläche nimmt
Wärme von der Um-
gebung auf.

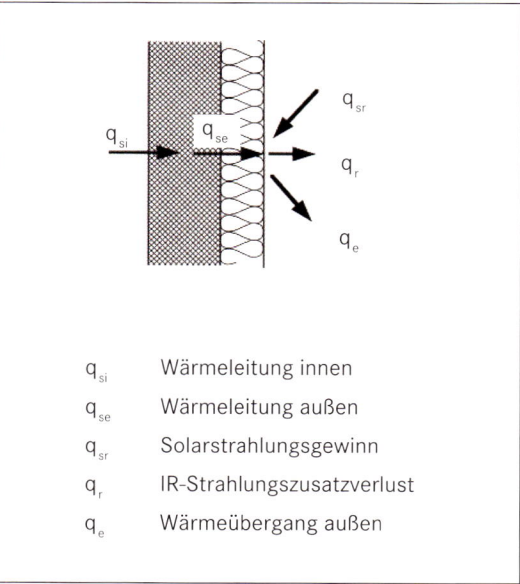

q_{si}	Wärmeleitung innen
q_{se}	Wärmeleitung außen
q_{sr}	Solarstrahlungsgewinn
q_r	IR-Strahlungszusatzverlust
q_e	Wärmeübergang außen

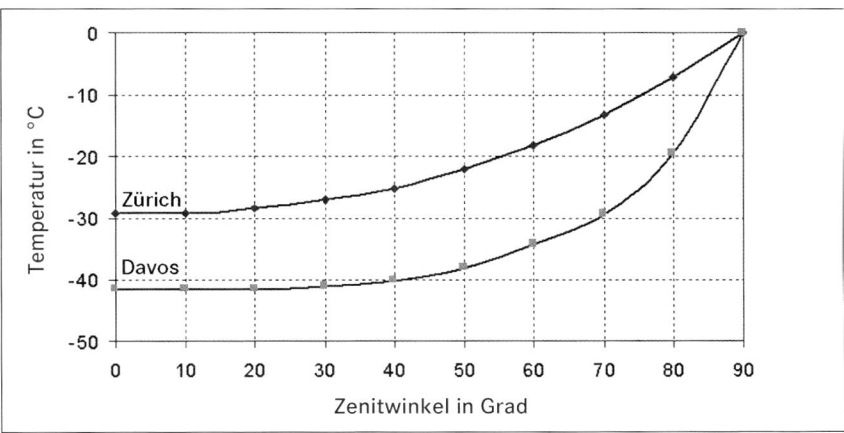

Abb. 22:
Temperatur des
klaren Himmels
bei $\theta_e = \pm 0\,°C$
Für Zürich:
450 m ü. NN
Für Davos:
1550 m ü. NN

So ist verständlich, dass je nach Dicke der Atmosphäre dieser Schutz unterschiedlich ausfällt und folglich sind auch die wirksamen Himmelstemperaturen unterschiedlich. Die starke Richtungs- und Standorthöhenabhängigkeit der Infrarotstrahlung des klaren, wolkenlosen Himmels wurde mit Messungen nachgewiesen. Bei einer Außenlufttemperatur von $\pm 0\,°C$ wurden im Zenit Himmelstemperaturen von $-29\,°C$ in Zürich, bzw. $-42\,°C$ in Davos gemessen (vgl. Abb. 22).

Es wird ersichtlich, dass die Temperatur an der Oberfläche unter die Außenlufttemperatur abfallen kann. Dies geschieht immer dann, wenn der Himmel unbedeckt ist und mehr Wärme von der Oberfläche abgeführt wird als durch Transmission aus dem Gebäudeinneren (q_{se}) oder aus terrestrischen Strahlungsquellen (Erdreich, warme Nachbargebäude etc.) nachfließen kann. Es stellt sich ein Gleichgewicht zwischen der Abstrahlung zum Himmel einerseits und der nachströmenden Wärme von innen und von der Außenluft andererseits ein.

Der Effekt der Unterkühlung der Oberflächen ist allen Autofahrern bekannt, die im Winter während der Nacht ihr Fahrzeug im Freien abstellen. Bei hohen Luftfeuchtigkeiten (hoher Taupunkttemperatur) und Temperaturen über $0\,°C$ beschlagen sich die Scheiben außen; bei Oberflächentemperaturen unter dem Gefrierpunkt muss vor dem Wegfahren das Eis abgekratzt werden.

Die exakte Berechnung des zusätzlichen Wärmeverlustes ans Weltall ist schwierig und entsprechend aufwendig. Zur genaueren Berechnung sind standortabhängige Daten und Faktoren zu ermitteln wie Höhenlage, Grad der Abdeckung durch Nachbargebäude und Bäume, Zenitwinkel, Wärmekapazität der äußeren Schichten etc. Schon 1980 wurde deshalb von Ralf Sagelsdorff (Element 23) ein Durchschnittswert für den zusätzlichen Wärmeverlust von $-3\,°C$ für Fassaden postuliert (für Flachdächer ist der entsprechende Wert $-5\,°C$).

Aufgrund der Strahlungsbilanz an der äußeren Oberfläche wird heute von der sog. Strahlungslufttemperatur ($\theta_s^\star$) gesprochen. Diese beinhaltet den Einfluss der Sonnenstrahlung, der Abstrahlung gegen den Himmel wie auch den äußeren Wärmeübergang:

Strahlungslufttemperatur: $\theta_s^\star = \theta_e + (\alpha_s \cdot I_s - \varepsilon \cdot \Delta I_R)/h_e$ (Formel 2)

wobei:

θ_e Außenlufttemperatur in °C

α_s solarer Absorptionsgrad

I_s Solarstrahlungsintensität in W/m^2

ε Emissionsgrad der Oberfläche

ΔI_R IR-Strahlungszusatzverlust an den klaren Himmel in W/m^2

h_e Wärmeübergangskoeffizient außen in W/m^{2}K

Die Strahlungslufttemperatur ist somit abhängig von der Orientierung eines Bauteils (Strahlungsintensität I_s), vom solaren Absorptionsgrad (α_s), vom IR-Emissionsgrad (ε) der Oberfläche sowie von der Windexposition des Bauteils (Wärmeüberganskoeffizient h_e).

Der solare Absorptionsgrad kann für die vorliegende Betrachtung null gesetzt werden, da die Nachtverhältnisse interessieren und demzufolge keine Sonneneinstrahlung vorhanden ist.

Der äußere Wärmeübergang wird in der Norm SIA 180 (2014) mit $R_{se} = 0{,}04$ m^{2}K/W ($h_e = 25$ W/m^{2}K) vorgegeben. Dieser Wert ist ein Mittelwert aus allen Wetterkonditionen. Die kalten klaren Nächte sind aber meist gekennzeichnet durch eine stabile Hochdrucklage. In diesen Wetterlagen ist es meistens windstill bzw. es weht nur ein leichter Wind. Ohne Wind ist der Wärmeübergang aber kleiner.

Für die Abschätzung der Größe des äußeren Wärmeübergangskoeffizienten wird angenommen, dass der Wind während den kritischen Zeiten unter 1,0 m/s weht. Diese Abschätzung begründet sich auf folgenden Messungen:

Im Winter 1991/1992 wurden in einem Energieprojekt die Oberflächentemperaturen einer verputzten Außenwärmedämmung (U-Wert 0,34 W/m^{2}K) parallel mit den Oberflächentemperaturen eines massiven Mauerwerkes aus ›Optitherm‹ Backsteinen (U-Wert 0,34 W/m^{2}K) gemessen. Für die Auswertung wurden sämtliche Wetterdaten registriert. Die Messung erfolgte stündlich vom 20. November 1991; 01:00 Uhr bis zum 29. April 1992; 24:00 Uhr. Dies ergibt eine Messdauer von 3888 Stunden. Eine Auswertung dieser Daten ergab Folgendes:

Windgeschwindigkeit	(m/s)	< 0,2	<0,5	<1,0	<1,5	≤2,0	>2,0
Anteil Messungen	(%)	7,5	32,8	64,4	77,5	85,1	14,9
Windgeschwindig-keitsbereiche	(m/s)	0–0,2	0,2–0,5	0,5–1,0	1,0–1,5	1,5–2,0	>2,0
Anteil am Ganzen	(%)	7,5	25,3	31,6	13,2	7,6	14,9

Tab. 8:
Zeitliche Verteilung der Windgeschwindigkeiten in Prozenten

Aus diesen Daten geht hervor, dass während etwa einem Drittel der Zeit die Luftgeschwindigkeit kleiner als 0,5 m/s war; und dass sie während etwa zwei Drittel der Zeit unter 1,0 m/s lag.

Aufgrund dieser Daten sowie anhand von Wetterbeobachtungen kann angenommen werden, dass bei klarem Himmel die Windgeschwindigkeit allgemein unter 1 m/s liegen. Als Richtwert wird eine Luftbewegung von 0,75 m/s angenommen.

Mit diesen Erkenntnissen kann der äußere Wärmeübergang angepasst werden. Dieser setzt sich zusammen aus einem Anteil Strahlung (h_{re}) und einem Anteil Konvektion (h_{ce}). Der Strahlungsanteil beträgt 5 W/m²K. Der Konvektionsanteil kann mit der Formel $4 + 4 \cdot v$ (W/m²K) berechnet werden (wobei v die Windgeschwindigkeit in m/s ist).

Bei den ausgewerteten Windgeschwindigkeiten während einer Unterkühlung kann folglich h_e wie folgt berechnet werden:

$$h_e = h_{re} + h_{ce} = 5 + (4 + (4 \cdot 0{,}75)) = 12 \ W/m^2K$$

Mit diesen Anpassungen verändert sich die Formel 2 für die Berechnung der Strahlungslufttemperatur während einer klaren Nacht wie folgt:

$$\theta_s^* = \theta_e + (0 - \varepsilon \cdot \Delta I_R)/12 \ [°C] \qquad \text{(Formel 3)}$$

Für den Emissionsgrad (ε) liegt der Wert für Baustoffe zwischen 0,90 und 0,95 W/m²K; im Mittel bei 0,9 W/m²K.

Für den IR-Zusatzverlust an den kalten Himmel (ΔI_R) werden für eine Wand Werte zwischen 20 – 50 W/m² angenommen (Flachdach 6 – 120 W/m²). Für den vorliegenden Fall wird die obere Grenze berücksichtigt, weil zu den Zeiten mit Tauwasserniederschlag ein klarer, wenig abgeschirmter Himmel vorhanden ist. In die Rechnung wird folglich der Wert von 50 W/m² eingesetzt.

Mit diesen Werten in die Formel eingesetzt errechnet sich die Strahlungsluft-temperatur während einer klaren windarmen und kalten Nacht wie folgt:

$$\theta_s^\star = \theta_e - 4.0 \ [°C]$$ (Formel 4)

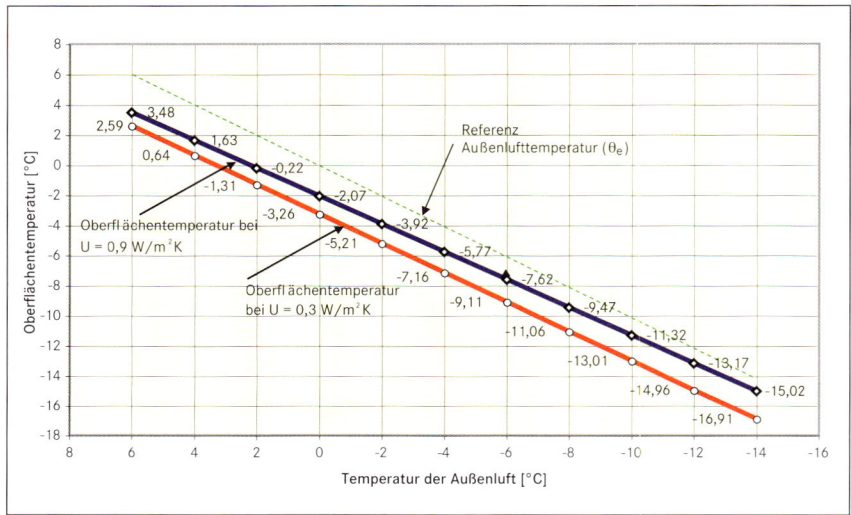

Im oben beschriebenen Diagramm sind die Oberflächentemperaturen mit den neuen Werten für verschiedene Außentemperaturen bei zwei unterschiedlichen Konstruktionen aufgezeichnet.

3.5 Tiefere äußere Oberflächentemperatur – längere Kondensatperioden

Untersuchungen durch J. Blaich (EMPA) an Klimadaten (Monatsmittelwerte um 01.00 Uhr in der Nacht) haben für das schweizerische Mittelland die Abhängigkeit zwischen der Feuchtigkeitsbelastung und den U-Werten der Außenwände aufgezeigt.

Wie die Auswertung der Ergebnisse zeigte, bestand während der Heizperiode für ein schlecht dämmendes Mauerwerk (U-Wert = 0,9 W/m²K) das Risiko von nächtlichem Tauwasser an den Fassaden während zwei Monaten (September und Oktober). Bei einem gut gedämmten Mauerwerk (U-Wert = 0,3 W/m²K) bestand dieses Risiko aber während sechs Monaten (September – Februar). Dies zeigt, dass die Feuchtigkeitsbelastung der äußeren Oberfläche um ein Mehrfaches steigt, je besser die Wärmedämmung der Außenwand wird.

Aus diesen Untersuchungen kann ebenfalls geschlossen werden, dass die Länge der Kondensatperiode während einer wolkenlosen Nacht im gleichen Maßstab zunimmt. Die Feuchtigkeitsbelastung wird also kurzzeitig (Abend bis Morgen) und langzeitig (Herbst bis Frühling) höher.

Diese Feststellungen wurden auch durch die nachträgliche Auswertung der Daten der schon erwähnten Untersuchungen von 1991/1992 gemacht. Durch die Differenz zwischen der Lufttemperatur und der Oberflächentemperatur konnte herausgefunden werden, wie lange während der ganzen Messperiode die Oberflächen kälter als die Lufttemperaturen waren, was eine Unterkühlung mit der Möglichkeit der Kondensatbildung darstellt. (Kriterium: $\theta_{se} - \theta_e < 0\,°C$). Das Ergebnis zeigt die Tabelle in der nachfolgenden Tab. 9.

Unterkühlung der Oberfläche	Oberfläche Massivmauerwerk U-Werte: 0,38 W/m²K	Massivmauerwerk Außenwärmedämmung U-Werte: 0,39 W/m²K
Anzahl Stunden* mit Unterkühlung	546	1586
In Prozenten	14,0	40,8
Anzahl Tage* mit Unterkühlungen	60	124
In Prozenten	37,0	76,5

Tab 9:
Zeiten mit einer Unterkühlung der Fassadenoberfläche

* Messdauer: 20. November 1991 bis 29. April 1992, insgesamt 3888 h bzw. 162 Tage

Da die Messung an einer nach Süden ausgerichteten Fassade stattfand, kann man davon ausgehen, dass die Unterkühlungsperioden hauptsächlich während der Nacht auftraten. Das bedeutet, dass während drei von vier Nächten die Fassaden kälter als die Umgebungsluft waren. Damit bestand während dieser Zeit immer dann ein Tauwasserrisiko, wenn die Taupunkttemperatur der Außenluft unter die Oberflächentemperatur abfiel.

3.6 Längere Kondensatperiode – größere Wasserbelastung

Damit die Fassadenoberfläche durch Kondensat benetzt werden kann, muss diese unter die Taupunkttemperatur der Außenluft absinken. Diese wiederum ist abhängig von der relativen Luftfeuchtigkeit und der Temperatur dieser Außenluft. Aus der berechneten äußeren Oberflächentemperatur der Wand kann demnach abgeleitet werden, ab welcher maximalen Taupunkttemperatur der Außenluft an der Wand Kondensat entsteht. Die schematische Darstellung dieser Rechnung ist aus den Abb. 24 und 25 zu sehen.

Für den Befall mit Mikroorganismen ist aber nicht nur das Vorhandensein von Feuchtigkeit wichtig, sondern auch die Dauer, die diese Feuchtigkeit zur Verfügung steht (vgl. Absatz 2.5 »time of wetness«). Dieser Zusammenhang wurde mit den schon mehrfach erwähnten Daten aus dem Winter 1991/1992 ausgewertet. Aus den Aufzeichnungen wurde rechnerisch die Anzahl der Stunden mit Kondensat auf der Oberfläche der Außenwärmedämmung ermittelt.

Abb. 24:
Wenn die relative Feuchtigkeit der Außenluft höher ist als 84 % (bei 0 °C) beschlägt sich die schlecht gedämmte Wand (U = 0,9 W/m²K) in der Nacht mit Tauwasser

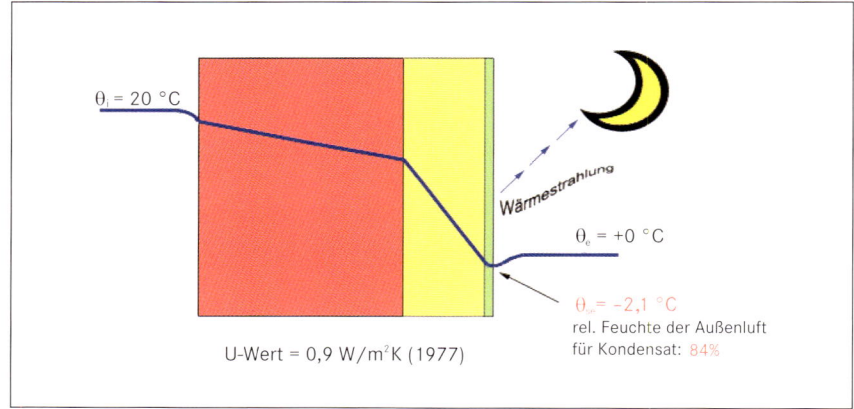

Abb. 25:
Wenn die relative Feuchtigkeit der Außenluft höher ist als 76 % (bei 0 °C) beschlägt sich die gut gedämmte Wand (U = 0,3 W/m²K) in der Nacht mit Tauwasser

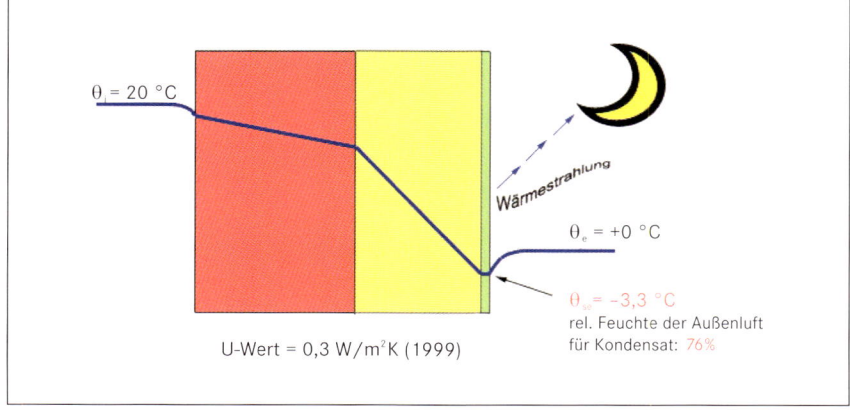

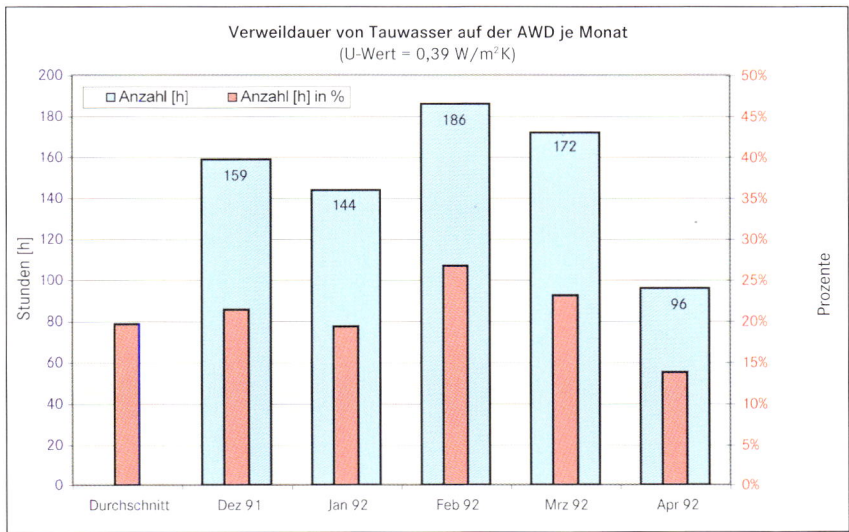

Abb. 26:
Dauer der Tau-
wasserbeschlagung
einer verputzen
Außenwärme-
dämmung wäh-
rend des Winters
1991/1992.
(Prozente beziehen
sich auf die Gesamt-
stundenzahl des
jeweiligen Monats)

	Ein-heit	Nov. 91	Dez. 91	Jan. 92	Feb. 92	März 92	April 92	Ge-samt
Anzahl Stunden gesamt	[h]	264	744	744	696	744	696	3888
Anzahl Tage gesamt	[Tg.]	11	31	31	29	31	29	162
Anzahl Tage mit unterkühlter Oberfläche	[Tg.]	(1)	17	21	27	31	27	124
	in %	–	55	68	93	100	93	77
Anzahl Stunden mit Tauwasser auf der Oberfläche	[h]	(8)	159	144	186	172	96	757
	in %	–	21	19	27	23	14	20

Tab. 10:
Ergebnis der Mess-
daten-Auswertung
für die verputzte Au-
ßenwärmedämmung
(Messdauer:
20. November 1991,
01.00 Uhr – 28. April
1992, 00.00 Uhr)

Diese werden als Prozentsatz der Gesamtdauer angegeben. Diese Werte wurden für die gesamte Messdauer wie auch für die einzelnen Monate berechnet. Die Ergebnisse sind in den Abb. 26 und Tab. 10 dargestellt.

Diese Auswertung zeigt, dass die Belastung mit Tauwasser in diesem Winter im Februar und März am größten war. Dies ist stark witterungsbedingt und kann nicht auf andere Winter übertragen werden. Dazu müssten langfristige Messungen ausgewertet werden, die auch verschiedene Oberflächen mit einbeziehen sollten.

Bei einer neueren Messung von Temperaturen an verschiedenen äußeren Oberflächen wurden ähnliche Ergebnisse gefunden. Dabei wurden außer verputzten Außenwärmedämmungen auch hinterlüftete Verkleidungen und wämespeicherndes Massivmauerwerk gemessen. Die Messungen fanden auf folgenden Außenwandkonstruktionen statt:

a. 5 mm Verputz über einer Außenwärmedämmung, Südfassade,
   U-Wert ca. 0,30 W/m²K

b. Hinterlüftete Verkleidung einer Außenwärmedämmung; Außen- und
   Rückseite der Verkleidung, U-Wert ca. 0,35 W/m²K

c. Massives, wärmedämmendes Mauerwerk (Typ »Optitherm«) U-Wert
   ca. 0,45 W/m²K

In Abb. 27 sind die Temperaturen im Tagesverlauf eines wolkenfreien Tages auf einer Südfassade einer verputzen Außenwärmedämmung dargestellt. Die Fassadentemperatur lag nachts um rund 3 °C unter der Lufttemperatur und während rund 15 Stunden auch unter der Taupunkttemperatur der Außenluft. Die Auswirkungen der geringen Wärmespeicherkapazität der rund 4 bis 5 mm dicken Putzschicht sind deutlich erkennbar: Nach Sonnenaufgang erfolgte ein rascher Anstieg der Fassadentemperatur und ein Überschreiten der Lufttemperatur. Am späten Nachmittag erfolgte ein ebenso steiler Temperaturabfall und ein Unterschreiten der Lufttemperatur. Bei einem Kontrollgang am frühen Morgen wurde die Existenz von Tauwasser bestätigt (vgl. Abb. 28).

Ähnliche Verhältnisse wie an der verputzten Außenwärmedämmung wurden bei der Untersuchung einer hinterlüfteten Fassadenbekleidung vorgefunden. Bei diesem Konstruktionstyp ist bemerkenswert, dass die physikalischen Voraussetzungen für Tauwasserniederschlag auch auf der Rückseite der Bekleidung gegeben sind, was bedeutet, dass saugfähige Bekleidungsmaterialien zusätzlich von hinten befeuchtet werden. Abb. 29 zeigt die Situation an der

Abb. 27:
Verputzte Außenwärmedämmung, U-Wert ca. 0,3 W/m²K, Südfassade, Temperaturverlauf im Tageszyklus. Die Oberflächentemperatur liegt während ca. 15 h unter der Taupunkttemperatur der Außenluft.

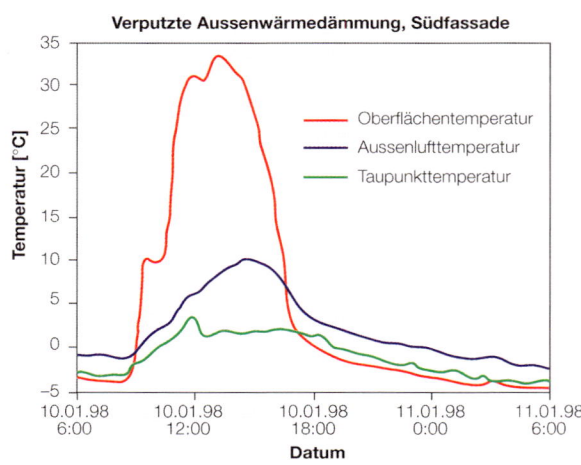

Abb. 28:
Das Kondenswasser auf der Oberfläche des Verputzes ist praktisch unsichtbar. Erst beim Aufdrücken eines saugfähigen Papiers wird die Feuchte durch dunkle Flecken auf dem Papier sichtbar.

Vorderseite und Abb. 30 die Situation an der Rückseite der Fassadenbekleidung jeweils in einem Tageszyklus. Auch bei diesen Messungen waren während mehr als 12 Stunden pro Tag die Voraussetzungen für Tauwasserniederschlag erfüllt.

Massive Fassadenkonstruktionen können Wärme speichern und bei fallenden Temperaturen wieder abgeben (Kachelofeneffekt). Abb. 31 zeigt dies am Beispiel eines Backsteinmauerwerkes vom Typ »Optitherm« mit einem U-Wert von ca. 0,45 W/m²K. Der Verlauf der Temperaturkurven verdeutlicht den angesprochenen Kachelofeneffekt. Die nächtlichen Strahlungsverluste werden durch einen Wärmenachschub aus der im massiven Mauerwerk gespeicherten

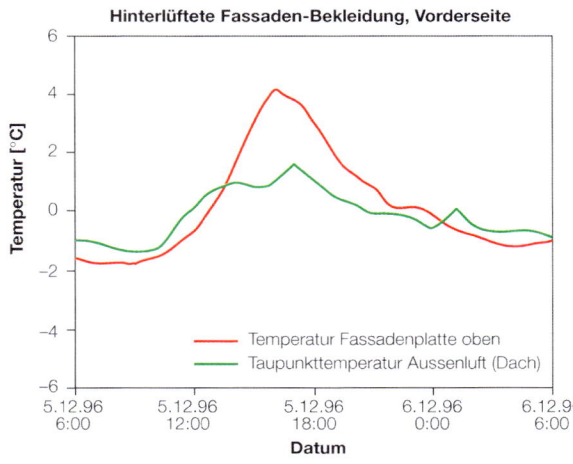

Abb. 29:
Hinterlüftete Fassadenbekleidung, Vorderseite einer Fassadenplatte. Die Temperaturen fallen unter die Taupunkttemperatur der Außenluft.

43

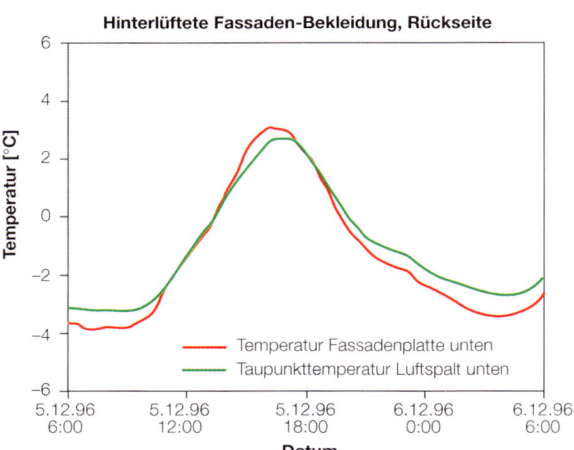

Wärme gespeist. Die Fassadentemperatur nähert sich am frühen Morgen der Lufttemperatur, ohne diese zu unterschreiten. Dies bedeutet, dass auch die Taupunkttemperatur der Luft, die immer unter der Lufttemperatur liegt, nicht unterschritten wird. Die Auswirkungen des Kachelofeneffekts zeigen sich auch bei Mauerwerken aus Porenbeton, aus zementgebundenen oder gebrannten Leichtsteinen und beim Zweischalenmauerwerk in unterschiedlichem Ausmaße. Die erwünschte Wirkung ist abhängig von der Wärmespeicherfähigkeit (c) des Materials.

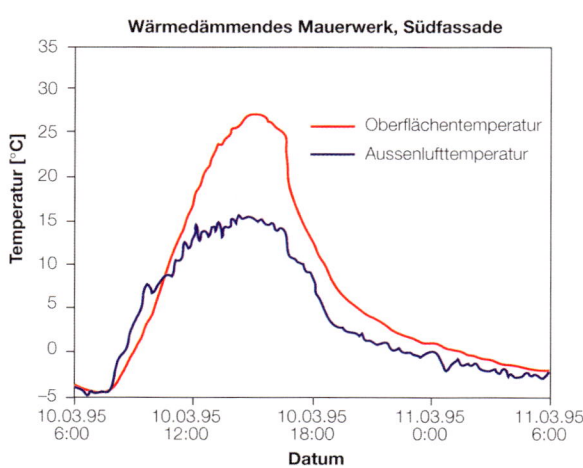

Die positiven Folgen des massiven wärmespeichernden Mauerwerkes sollten allerdings nicht überschätzt werden. Der Wärmespeicher kann sich nachts nur entleeren, wenn er während des Tages gefüllt wurde. Wenn die Sonne nicht auf die Oberfläche scheint, wie dies bei Nordfassaden oder bei bedecktem Himmel der Fall ist, so steht dem Speicher nur die Energie der Lufttemperatur-Unterschiede zwischen Tag und Nacht zur Verfügung. Untersuchungen zu diesen Verhältnissen sind nicht bekannt.

3.7 Größere Wasserbelastung – mehr Bewuchs bzw. Bewuchs möglich

Diese Beziehung basiert auf den biologischen Eigenschaften der Algen und Pilze die in Kapitel 2 erläutert wurden. Die Auswirkungen dieser Eigenschaften sind nicht nur auf Fassadenflächen sichtbar, sondern auch an Fassadenteilen, bei denen infolge ungünstiger Planung bzw. Ausführung die Wasserbelastung erhöht ist. Beispiele sind in den Abb. 32 bis 35 dargestellt.

Grundsätzlich wachsen Algen und Pilze immer zuerst dort, wo die Feuchtigkeit am höchsten ist und wo sie am längsten verweilt. Deshalb haben auch Bepflanzungen vor den Fassaden Einfluss. Dieser Einfluss betrifft die Schattenwirkung wie auch eine erhöhte Luftfeuchtigkeit im Bereich von Pflanzen.

Weitere Faktoren, die Bewuchs an Fassaden fördern:

- Waldnähe; dies bewirkt kleinere Luftgeschwindigkeiten, höhere Luftfeuchtigkeiten und mehr Schattenwurf
- Offene Wasserflächen wie Seen, Fließgewässer oder Biotope erhöhen die Luftfeuchtigkeit
- Orientierungen von Nordost über Nord bis Nordwest erhalten im Winter keine Sonnenbestrahlung, was eine verlängerte Feuchtebelastung zur Folge hat
- Fehlender konstruktiver Wetterschutz
- Fehlende Brüstungsabdeckungen

Einige dieser Faktoren sind durchaus durch die Architektur steuerbar bzw. vermeidbar. In den Abb. 36 bis 39 werden Situationen gezeigt, bei denen ein Algenbefall schon auf dem Zeichenbrett vorhersehbar war.

Abb. 32:
Mangelhafte
Entwässerung von
Balkonen bewirkt
starkes Algen-
wachstum an
Wasserläufen

Abb. 33:
Mangelhafte
Abdeckung der
Brüstung mit Algen-
befall am Wasserlauf
und starker Algen-
befall im Spritz-
wasserbereich

Abb. 34:
Algenwuchs an der
runden Mauerkrone
wegen ständig hoher
Feuchtigkeit

Abb. 35:
Algenbewuchs im
Sockelbereich im
Umkreis der Was-
serzapfstelle

47

Abb. 36:
Vorhersehbarer
Algenbefall beim
Baumschutz und der
entsprechenden Ent-
wässerung

Abb. 37:
Unterschiedliche
Behandlung der
Brüstungen
oben abgedeckt =
kein Algenbefall;
unten nicht abge-
deckt = Algenbefall

Abb. 38:
Runde Brüstungen
ohne Abdeckungen
provozieren den
Algenbefall an den
Wasserlaufspuren

Abb. 39:
Schräg nach außen
und nach innen ge-
neigte Brüstungen
und Abdeckungen
sind sehr anfällig für
Algenbefall an den
Wasserlaufspuren

4 Fallbeispiele

Mit den Fallstudien werden die Zusammenhänge zwischen Tauwasser und Algenwachstum aufgezeigt. Im Weiteren werden Beispiele von Algenbefall an verschiedenen Objekten vorgestellt um die Vielfalt der Bewuchsformen zu zeigen.

Fall 1: Algenbefall auf angedübelter, verputzter Außenwärmedämmung

Das Gebäude befindet sich in der Nähe von Zürich auf ca. 400 Meter über N. N. Die Region ist bei winterlichen Hochdrucklagen oft tagelang in Nebel gehüllt. Das Gebäude liegt in ländlicher Umgebung am Ende eines Dorfes.

Die Fassaden sind nach Südwest, Südost, Nordost und Nordwest orientiert. Von der Veralgung betroffen sind die Nordost- und Nordwestfassade. Beide Fassaden sind gegen die freie Landschaft der angrenzenden Landwirtschaftszone ausgerichtet.

Das Gebäude wurde im Jahr 1973 als 3-geschossiges Mehrfamilienhaus erstellt. Die Außenwände wurden mit einer verputzten Außenwärmedämmung ausgeführt. Für die Wärmedämmschicht kamen Polystyrol-Hartschaumplatten von 40 mm Dicke zum Einsatz. Der U-Wert betrug rund 0,8 W/m²K. Diese Konstruktion blieb ohne Algenbewuchs.

Im Jahr 1993 wurden die Fassaden aufgrund auftretender Risse im Verputz umfassend saniert. Bei der Sanierung wurde die Wärmedämmung der Fassadenkonstruktion auf einen U-Wert von rund 0,3 W/m²K verbessert. Die bestehende Außenwärmedämmung wurde entfernt und durch ein System mit 100 mm dicken Mineralfaserdämmplatten ersetzt. Diese wurden aufgeklebt und zusätzlich mit Dämmstoffdübeln am Untergrund befestigt. Der Verputz bestand aus einem mineralisch gebundenen Grundputz mit Glasgittergewebearmierung und einem Silikatdeckputz. Biozide gegen Algen- und Pilzbewuchs wurden nicht eingesetzt. Diese Frage stand nicht zur Diskussion, weil das ursprüngliche Wärmedämmverbundsystem in dieser Hinsicht ohne Probleme war.

Im Jahr 1996 wurde an der Nordost- und Nordwestfassade der erste Bewuchs beobachtet. Im Jahr 1997 erfolgte an diesen Fassaden eine großflächige Ausbreitung. Auffallend war, dass die Veralgung über den Dämmstoffdübeln fehlte. Die Dämmstoffdübel zeichneten sich als runde, helle Flecken von ca. 50 mm Durchmesser in den vergrünten Fassaden ab. Abb. 40 zeigt eine Aufnahme der Nordostfassade des Attikageschosses aus dem Jahr 1997, Abb. 41 zeigt einen Ausschnitt daraus.

Eine mikrobiologische Untersuchung durch die Fachgruppe Mikrobiologie im Bauwesen der EMPA St. Gallen ergab, dass die Vergrünung durch einen Bewuchs von Grünalgen aus der Gruppe um Protococcus verursacht wurde. Eingebettet waren Schwärzepilze der Gattungen Stemphylium und Aureobasidium.

Im Winter 1997/1998 wurden Infrarotaufnahmen der vergrünten Fassaden durch die Abteilung Bauphysik der EMPA Dübendorf erstellt. Abb. 42 zeigt eine Aufnahme des in Abb. 41 dargestellten Fassadenausschnitts. Die Aufnahme verdeutlicht die Wärmebrückenwirkung der Dämmstoffdübel und belegt die Übereinstimmung der Dübel mit den bewuchsfreien hellen Flecken.

Abb. 40:
Nordostfassade.
Ansicht des Attikage-
schosses

Abb. 41:
Detailansicht zu
Abb. 40

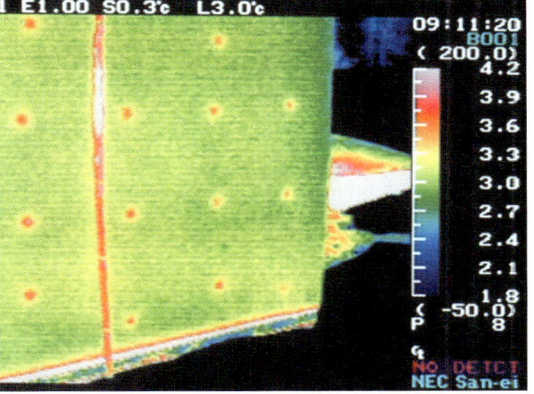

Abb. 42:
Die hellen Punkte
in Abb. 41 erweisen
sich auf der Infrarot-
aufnahme als »Hot
Spots«. Darunter
sind die Dämm-
stoffdübel die eine
Wärmebrücke bilden.

Die Abb. 43 und 44 zeigen die Laborauswertung einer Infrarotaufnahme des Gebäudes. In Abb. 43 wurde eine horizontale Messlinie festgelegt, welche 3 Dämmstoffdübel einschließt. Abb. 44 zeigt den vom Rechner ermittelten Temperaturverlauf entlang dieser Messlinie.

Abb. 43:
Über drei der »Hot Spots« wurde eine Temperaturmesslinie gelegt und die Oberflächentemperaturen gemessen

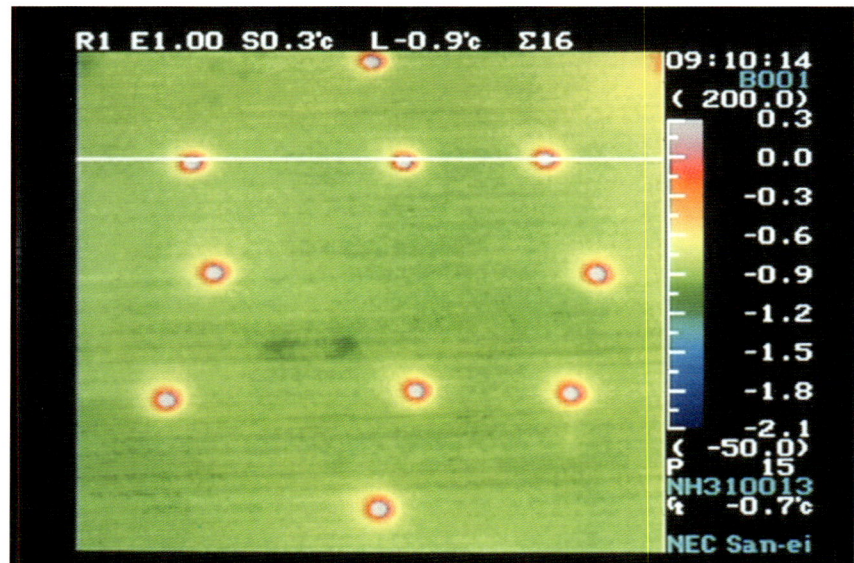

Abb. 44:
Temperaturverlauf entlang der Messlinie in Abb. 43. Die Temperaturerhöhung über den Dämmstoffdübeln beträgt bis 1,8 K.

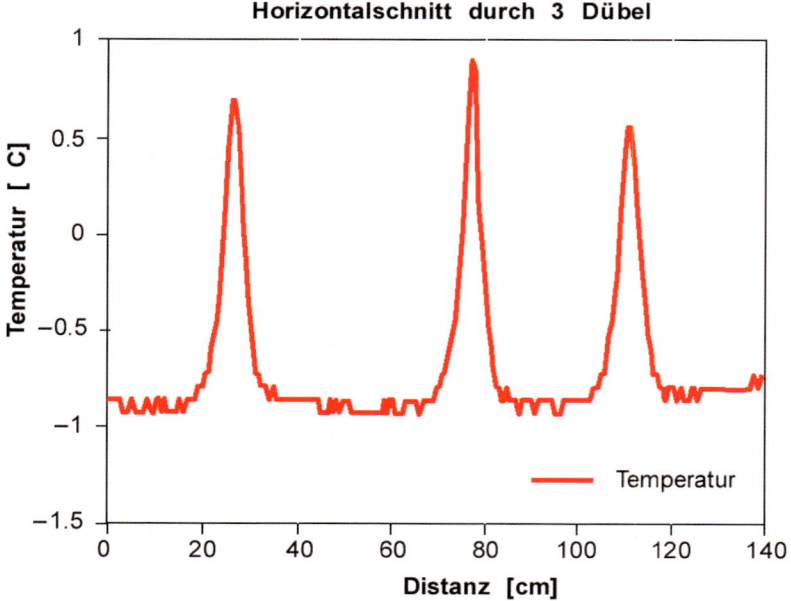

Die Bilder verdeutlichen, dass das geometrische Muster des Algenbewuchses mit dem Muster des Wärmebildes übereinstimmt. Die Temperaturdifferenzen an der Fassadenoberfläche haben darüber entschieden, ob die Tauwassermenge für das Algenwachstum ausreichte oder nicht. Ähnliche Effekte können auch bei hinterlüfteten Fassadenbekleidungen beobachtet werden.

Fall 2: Algenbefall auf einer aufgeklebten, verputzten Außenwärmedämmung

Dieses Gebäude befindet sich im schweizerischen Mittelland in der Nähe eines Sees und eines Waldes und ist Teil einer größeren Überbauung mit 27 Einheiten. Die Höhe über N. N. beträgt ca. 460 m. Diese Überbauung wurde im Jahre 1997 fertig gestellt.

Die Fassaden sind Nord-Süd und Ost-West orientiert. Von der Veralgung betroffen war hauptsächlich eine Westfassade. Diese Fassade war witterungsexponiert.

Als Wärmedämmung wurde eine Standard-EPS-Platte (expandiertes Polystyrol) auf das Mauerwerk aufgeklebt. Darüber wurde ein Silicon-Grundputz mit einem Gittergewebe und ein Silicon-Deckputz appliziert, der mit Siliconfarbe gestrichen wurde.

Schon bald nach der Fertigstellung traten an einem der Reihenhäuser starke Verfärbungen auf. Die Nachbargebäude waren ebenfalls betroffen, jedoch nicht in gleich starkem Ausmaß. In den Abb. 45 und 46 sind Ausschnitte aus der Fassade dargestellt.

Abb. 45:
Ansicht der verschmutzten Fassade. Gut sichtbar sind auch die hellen Flecken neben und über dem Sturz. An diesen Stellen wurden die Sturzelemente mechanisch mit Dübeln befestigt.

53

Eine Untersuchung einer Putzprobe in der Fachgruppe Mikrobiologie im Bauwesen der EMPA St.Gallen hat ergeben, dass die Probe stark von kokkoiden Grünalgen bewachsen ist und diese sich auch tief in die Oberfläche hinein fortsetzen. Ein Bewuchsversuch im Labor stellte fest, dass die Verputzproben schon nach sechs Tagen zur Hälfte mit Schimmelpilzen bewachsen waren. Der Bewuchsversuch mit Algen zeigte, dass die Probe nach zwei Wochen vollständig überwachsen waren. Daraus wurde gefolgert, dass im Verputz kein Schutzmittel gegen Algen oder Pilzbewuchs beigefügt war.

Weitere Untersuchungen im Labor zeigten, dass der Verputz sehr stark hydrophobiert war. In Abb. 47 ist eine Laboraufnahme mit einem Wassertropfen auf einer herausgeschnittenen Verputzprobe dargestellt. Daraus ist ersichtlich, dass der Randwinkel des Tropfens (Benetzungswinkel) größer als 90° ist, was die wasserabstoßenden Eigenschaften der Oberfläche sichtbar macht. Des Weiteren wurde festgestellt, dass der verlangte Anstrich auf dem Deckputz nicht vorhanden war. Die Oberfläche war dadurch poröser und es lagerte sich bei Tauwasserbedingungen mehr Wasser an.

Diese Untersuchungen liefern ein Beispiel dafür, dass mit einer hydrophobierten Oberfläche allein noch kein Schutz vor dem Befall mit Mikroorganismen erreicht werden kann.

Abb. 46:
Detailaufnahme aus
Abb. 45. Sichtbar ist
auch die Stelle der
Probeentnahme. An
dieser Probe wurden
die Organismen auf
der Oberfläche be
stimmt.

Abb. 47:
Ein Wassertropfen
wurde auf eine
der Fassade ent-
nommenen Probe
aufgesetzt. Sichtbar
ist der große Rand-
winkel des Wasser-
tropfens, was die
wasserabstoßende
Eigenschaft bestä-
tigt.

Fall 3: Algen und Pilze rund um die Fenster

Die Erfahrung zeigt, dass der Sturzbereich von Fenstern bei verputzten Außenwärmedämmungen und bei hinterlüfteten Fassadenbekleidungen für Algenbewuchs besonders anfällig ist. Häufig werden an diesen Stellen auch Schwärzepilze festgestellt. Abb. 48 zeigt ein typisches Beispiel. Bei angedübelten, verputzten Außenwärmedämmungen kann beobachtet werden, dass sich die Verankerungen hell abzeichnen, vgl. Abb. 49.

Die Ursache des Bewuchses von Fensterstürzen liegt in der Regel darin, dass beim Lüften ausströmende feuchtwarme Innenluft an den kühlen Sturzflächen kondensiert. Erhöhte Risiken bestehen auch bei undichten Rollladenkästen und wenn Fenster häufig in Kippstellung bleiben.

Abb. 48:
Fenstersturz mit
Schwärzepilzen.
Verputzte Außen-
wärmedämmung auf
Polystyrolplatten.

Abb. 49:
Fenstersturz mit
Algenbewuchs. Die
Dübelanker zeichnen
sich dank ihrer Wär-
mebrückenwirkung
als bewuchsfreie
helle Flecken ab.

Fall 4: Algenbefall auf hinterlüfteten Bekleidungen

Auch bei hinterlüfteten Fassadenbekleidungen aus wenig massiven Materialien wie Faserzement-Platten, Keramik, Holz, etc. treten die Effekte der Unterkühlung auf. Hier wird zusätzlich durch den Luftstrom hinter den Bekleidungsmaterialien die Rückseite befeuchtet. Falls das Material saugfähig ist besteht die Gefahr, dass eine hohe Grundfeuchte über längere Zeit dem Bewuchs durch Mikroorganismen förderlich ist. Es ist darum nicht selten, dass Bewuchs auch auf hinterlüfteten Bekleidungen auftritt.

Abb. 50:
Tauwasser auf einer hinterlüfteten Fassadenbekleidung aus Keramikplatten. Die Verankerungen zeigen sich als scharf abgegrenzte tauwasserfreie Zonen.

Abb. 51:
Hinterlüftete Fassadenbekleidung aus großformatigen Faserzementplatten. Die Montagepunkte zeichnen sich als helle, nicht bewachsene Flächen im sonst ziemlich flächigen Bewuchs ab.

Abb. 52:
Ansicht einer ver-
schmutzten Fassade
aus Faserzement
Schiefer. Im Bereich
unterhalb der Leuch-
te wird ablaufendes
Wasser konzentriert,
was durch die zu-
sätzliche Wasser-
belastung einen
stärkeren Bewuchs
verursacht.

Abb. 53:
Ansicht einer ver-
schmutzen hinter-
lüfteten Fassade
aus Faserzement
Schiefer. Auffallend
sind die sauberen
Stellen im Sturz- und
Brüstungsbereich,
wo offenbar warme
Luft austritt und die
Verkleidung von hin-
ten aufwärmt.

Fall 5: Algenbefall auf einem Zweischalenmauerwerk

Auf verputzten Zweischalenmauerwerken wird Algenbewuchs eher selten beobachtet. Trotzdem zeichnen sich Tendenzen ab, dass auch bei diesem Fassadentyp das Bewuchsrisiko mit zunehmender Dicke der Wärmedämmung ansteigt. In einigen Fällen wurde Bewuchs bei einer Dämmstoffdicke von 120 mm festgestellt. Der hier diskutierte Fall ist insofern untypisch, als die Dämmstoffdicke lediglich 70 mm betrug. Das erhöhte Bewuchsrisiko war eine Folge des Standorts in einer während der Herbst- und Wintermonate feuchten Region des Tessins und in unmittelbarer Nähe zu einem Waldstück und zu einem Wasserfall. Der Fall zeigt auf, dass auch sehr kleine Temperaturdifferenzen der Fassadenfläche das Algenwachstum beeinflussen.

Die Innen- und Außenschale des Zweischalenmauerwerks bestanden aus Backsteinen. Die Wandstärken betrugen 150 mm innen und 120 mm außen. Die 70 mm dicke Wärmedämmschicht bestand aus Mineralfaserplatten und einem darauf aufgebrachten zweischichtigen, wasserabweisenden Acrylbasis-Deckputz.

Der Algenbewuchs erfolgte nur an der gegen den Wald orientierten Nordfassade. Abb. 54 zeigt den Zustand fünf Jahre nach der Fertigstellung des Gebäu-

Abb. 54:
Algenbewuchs an der Nordfassade, Gebäudeabstand wenige Meter von einem Waldstück. Die scharfe Abgrenzung des Befalls zwischen Nord- und Westfassade ist gut sichtbar.

Abb. 55:
Das geometrische Muster des Algenbewuchses entspricht dem Fugenbild des verputzten Mauerwerkes

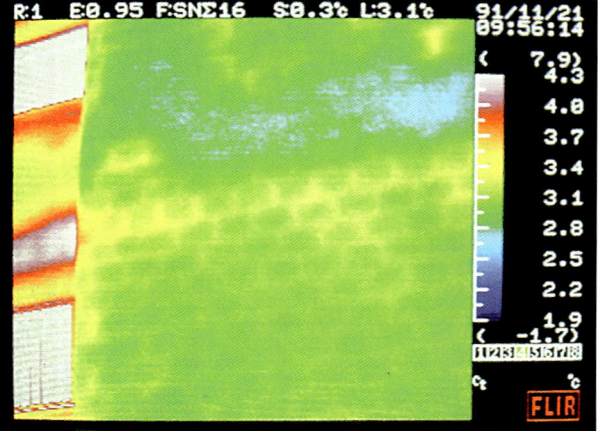

Abb. 56:
Infrarotbild zu einem Ausschnitt von Abb. 55. Links ist die warme und bewuchsfreie Mittelzone der Fassade mit den Fenstern ansatzweise erkennbar.

des. Dem Besitzer war aufgefallen, dass die Fassadenoberfläche auch an regenfreien Tagen oft feucht und im Winter gelegentlich von einer dünnen Eisschicht überzogen war.

Bei genauer Betrachtung von Abb. 55 fällt auf, dass der Bewuchs ein geometrisches Muster bildet. Die Infrarotaufnahme in Abb. 56 zeigt einen Ausschnitt aus Abb. 55. Die Aufnahme verdeutlicht, dass das geometrische Muster des Algenbewuchses mit der Fugengeometrie des Mauerwerks der Außenschale identisch ist. Die Mörtelfugen besitzen eine schlechtere Wärmedämmung als die Isolierbacksteine. Dies führte zum Zeitpunkt der Infrarotaufnahme bei einer Außentemperatur von rund 5 °C zu einer ca. 0,3 °C höheren Verputztemperatur. Die geringe Temperaturdifferenz genügte, um die Fugenbereiche nahezu algenfrei zu halten. Die Infrarotaufnahme verdeutlicht auch, dass die algenfreie Fassadenmitte auf die höhere Oberflächentemperatur (Ursache: schlechtere Wärmedämmung, Heizkörper unter Brüstung etc.) der Fassadenkonstruktion an dieser Stelle zurückzuführen ist.

Um sicher zu sein, dass der Bewuchs nicht durch Feuchtigkeit im Verputz oder Mauerwerk ausgelöst wurde, wurden zusätzlich Materialproben entnommen, vgl. Abb. 57. Die Prüfung ergab für den Verputz eine Materialfeuchte von 1,7 Massen-%, für den Mauermörtel 3,3 Massen-% und für den Backstein 1,3 Massen-%. Diese nach der Darrmethode bei 105 °C ermittelten Werte entsprechen der Ausgleichsfeuchte dieser (trockenen) Konstruktion. Der Wasseraufnahmekoeffizient des Deckputzes wurde mit ca. 0,03 kg/m²h$^{-0,5}$ ermittelt, was einem sehr regendichten, wasserabweisenden Deckputz entspricht. Damit verblieb die gute Wärmedämmung der Fassadenkonstruktion in Kombination mit der speziellen Standortsituation des Gebäudes als primäre Ursache des Algenbewuchses.

Abb. 57:
Sondierstelle zur
Überprüfung der
Konstruktion und der
Materialfeuchtigkeit

Fall 6:   Algen und Pilzbefall einer Sichtbetonfassade einer Kirche

Die äußeren Oberflächen der Außenwände einer modernen Kirche (Baujahr 1969/1970) einer kleineren Stadt im Voralpengebiet (650 m über N.N.) bestehen zur Hauptsache aus Sichtbeton und Verputz. Es wurden auffallend stark unterschiedliche Verschmutzungen der Betonfassaden beanstandet. Diese traten insbesondere an Schattenseiten oder an feuchten Stellen auf, wie beispielsweise unterhalb von horizontalen oder lediglich leicht geneigten Beton-Gesimsen. In den Abb. 58 und 59 ist die Situation dargestellt. Rötliche Flecken wurden

Abb. 58:
Ansicht der Kirche
von Norden

Abb. 59:
Die Sichtbetonteile
sind, ausgehend von
den Brüstungen und
Dachrändern, sehr
stark verschmutzt

Abb. 60:
Teilweise treten rote Verschmutzungen auf, ähnlich Rostfahnen bei korrodierten Armierungseisen. Diese erweisen sich als mikrobieller Befall.

Abb. 61:
Detail aus Abb. 60. Bei den rötlichen Verschmutzungen handelt es sich um einen Bewuchs von Grünalgen

vorwiegend im unteren Bereich der Nordwestseite beobachtet. Bei näherer Betrachtung konnte man feststellen, dass es sich dabei nicht etwa um Rostflecken sondern um einen Bewuchs handelte (Abb. 60 und 61). An Mauerkronen sowie im Übergangsbereich von Verputz zu vorstehenden Betongesimsen konnten Moosbewüchse beobachtet werden. Abb. 63 zeigt eine solche Situation.

Die Untersuchungen im Jahre 1988 am Beton ergaben eine sehr gute Qualität. Die Überdeckung der Armierung war zwischen 25 mm und 37 mm und erfüllte somit die Normen. Die mittlere Karbonatisierungstiefe lag im Allgemeinen zwischen 6 und 15 mm. Auch der Wasserzementwert des Betons wurde durchweg mit einem guten WZ-Faktor von 0,47 ermittelt. Aufgrund der hohen Betonqualität konnte die Korrosion von Stahl ausgeschlossen werden.

Die Oberflächen der Sichtbetonfassaden wurden von der Gruppe Mikrobiologie im Bauwesen der EMPA St.Gallen auf Bewuchs untersucht. Dabei stellte sich heraus, dass hauptsächlich der mikrobielle Bewuchs für die Fleckenbildung verantwortlich war. Es wurden folgende Gattungen vorgefunden:

- Der großflächige dunkle Bewuchs enthielt verschiedene Organismen wie Blaualgen der Gattung *Gloeocapsa*, Pilze aus der Formfamilie *Dematiaceae* sowie weitere Blau- und Grünalgen (inkl. *Trentepohlia*). Hauptanteile dieses Bewuchses bildeten *Gloeocapsa* und Pilze.
- Beim großflächigen roten Bewuchs handelte es sich hauptsächlich um eine Grünalge der Gattung *Trentepohlia*. Diverse weitere Organismen kamen auch noch in ihrer Gesellschaft vor.
- Weiter wurden Moose auf horizontalen Bauteilen festgestellt. Es handelte sich um voll entwickelte Moospflanzen der Laubmoosgattung *Grimmia*, einer Gattung mit polsterbildenden Gesteinsbewohnern.
- Daneben wurden zahlreiche Flechtenkolonien auf der Sichtbetonoberfläche vorgefunden (z. B. *Lecanora sp.*, *Caloplaca sp.* als Gesteins-Krustenflechten sowie *Xanthoria* als Blattflechten).

Abb. 62:
Die Sichtbeton-
flächen sind sehr
stark verschmutzt

Abb. 63:
Moose wachsen
auf den horizonta-
len bzw. schwach
geneigten Sichtbe-
ton-Brüstungen dort,
wo es lange feucht
bleibt

Als Ergebnis der Untersuchungen wurde festgestellt, dass der Bewuchs keine schädigenden Auswirkungen auf den Beton hat. Die Verfärbungen stellen demzufolge in erster Linie ein ästhetisches Problem dar. Als bekräftigendes Argument stellte sich ein Architekt gar auf den Standpunkt, dies sei die normale Patina von Sichtbeton und daher gewollt und unumgänglich.

Fall 7:   Algenbefall von Oberlichtern aus Kunststoff

Abb. 64 zeigt Algenbewuchs auf Oberlichtern aus Kunststoff über einer Tiefgarage. Der Bewuchs widerlegt die verbreitete Auffassung, dass Algen eine raue Oberfläche benötigen. Es fällt auf, dass der Bewuchs ungleichmäßig ist. Die dem Gebäude zugewandte Kuppelseite ist algenfrei. Kontrollgänge haben gezeigt, dass die vergrünten Teilflächen nach klaren Nächten regelmäßig von Tauwasser benetzt waren, während die algenfreie Zone tauwasserfrei blieb.

Bei genauer Betrachtung von Abb. 64 ist zu erkennen, dass sich die Fassade des Gebäudes in der algenfreien Zone spiegelt. Wenn sich sichtbares Licht spiegelt, kann sich auch Wärmestrahlung spiegeln. Dies lässt vermuten, dass der Unterkühlungseffekt auf der dem Gebäude zugewandten Seite kleiner sein muss, was durch Messungen bestätigt wurde. Die Abb. 65 und 66 zeigen die Lage der Messstellen auf der dem Gebäude abgewandten bzw. zugewandten Oberlichtseite. Zur Erhöhung der Messsicherheit wurden jeweils drei Temperaturfühler pro Messstelle fixiert und für die Auswertung der Mittelwert gebildet. Abb. 67 und 68 zeigen das Messergebnis.

Abb. 64:
Algenbewuchs auf Oberlichtern aus Kunststoff. Die gebäudeseitige Teilfläche ist algenfrei.

Abb. 65:
Temperaturfühler an der vergrünten, der Gebäude abgewandten Seite

Abb. 66:
Temperaturfühler an der algenfreien, dem Gebäude zugewandten Seite

An der dem Gebäude zugewandten Messstelle 2 war die Oberflächentemperatur rund 3 K geringer als an der Messstelle 1. Dies verdeutlicht den Einfluss der Umgebung und bestätigt die Erfahrung, dass das Algenproblem bei freistehenden Gebäuden größer ist als bei Gebäuden innerhalb einer Überbauung. Im Grundsatz gilt: Je größer der Himmelsanteil, der von einem Punkt der Fassade aus einsehbar ist, desto größer ist der Unterkühlungseffekt.

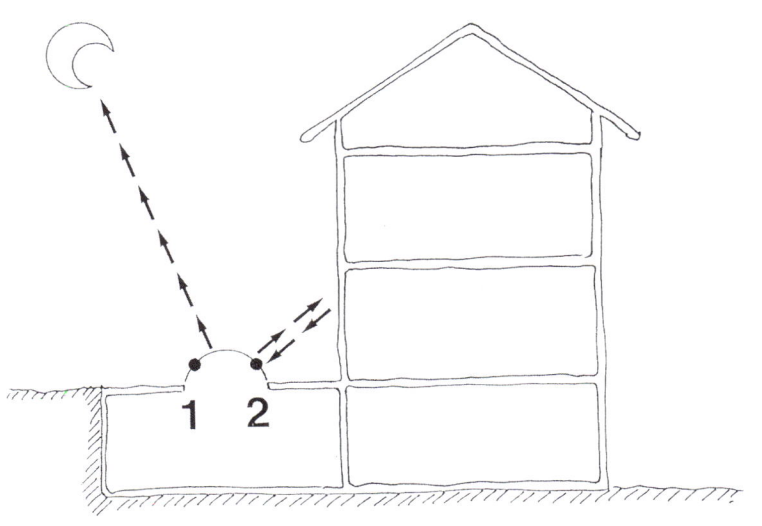

Abb. 67:
Situation schematisch, Oberflächentemperaturen des Oberlichts

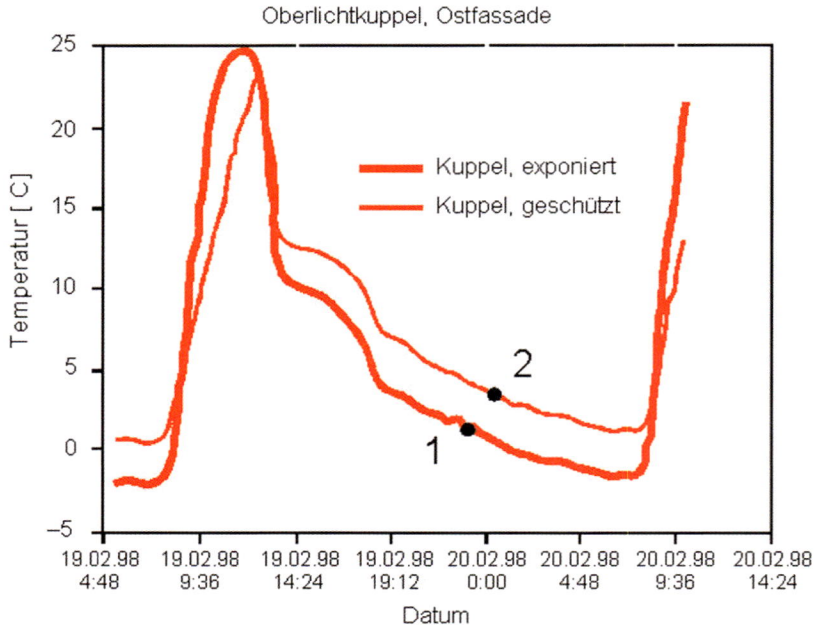

Fall 8:   Bewuchs auf einem altem Kalkputz

Der mittelalterliche Turm (Mitte des 17. Jahrhunderts) einer Klosteranlage im südlichen Teil der Schweiz/Graubünden zeigte ausgeprägte Risse (Abb. 69). Bei der Putzuntersuchung im Rahmen der Zustandsanalyse zur nötigen Restaurierung wurde ein starker Bewuchs festgestellt. Je nach Exposition (Himmelsrichtung, Lage und Höhe) wurden verschiedene Organismen als störend empfunden und in einen Zusammenhang mit den Putzschäden gebracht. Besonders kritisch war der Zustand des Verputzes an der Nordseite. Hier war er sehr locker und abbröckelnd.

In den Rissen wurde eine komplexe Gesellschaft von Flechten und Pilzen gefunden. Es handelte sich um scheibenförmige sterile Fruchtkörper der Gattung *Lecanora* mit heller bis schwarzgrünlicher Fruchtschicht und wulstigem Rand. Diese sterile Flechte war stark begleitet von verschiedenen Schwärzepilzen aus der Verwandtschaft von *Bispora*. Der Gesamteindruck des dunklen Bewuchses wurde wesentlich durch diese Schwärzepilze mitgeprägt.

Die hauptsächliche Verbreitung dieser dunklen Bewuchs-Anlagerung an der Nord- und Ostfassade, in Ritzen und auf vorstehenden Teilen zeigt, dass hier die Feuchtigkeit an diesem Trockenstandort der Schweiz lokal etwas höher sein kann und den Bewuchs ermöglicht hat.

Abb. 69:
Der dunkle Bewuchs
zeigte sich als Flech-
tenlager gemeinsam
mit Pilzkolonien
in den Rissen des
Verputzes, aber auch
auf vielen leicht vor-
stehenden horizonta-
len Stellen

Zudem wurde Moos- und weiterer Flechtenbewuchs störend wahrgenommen: Grüne, rötliche, fast schwarze und helle Flechten dominierten das Bewuchsbild (vgl. Abb. 71 mit *Xanthoria elegans*). Neben *Xanthoria* wurden als weitere Flechten Arten der Gattungen *Caloplaca, Candelariella, Lepraria, Verrucaria* und

Abb. 70:
Dieser Ausschnitt
zeigt den Zustand
des Verputzes vor
der Restaurierung

Abb. 71:
Xanthoria elegans ist eine orangegelb bis orangerot gefärbte Laubflechte mit rosettig angeordnetem Lager. Xanthoria elegans ist ein typischer Vertreter der auf anthropogene Standorte wie Mörtel und Dachziegel spezialisierten Laubflechten kalkhaltiger Substrate.

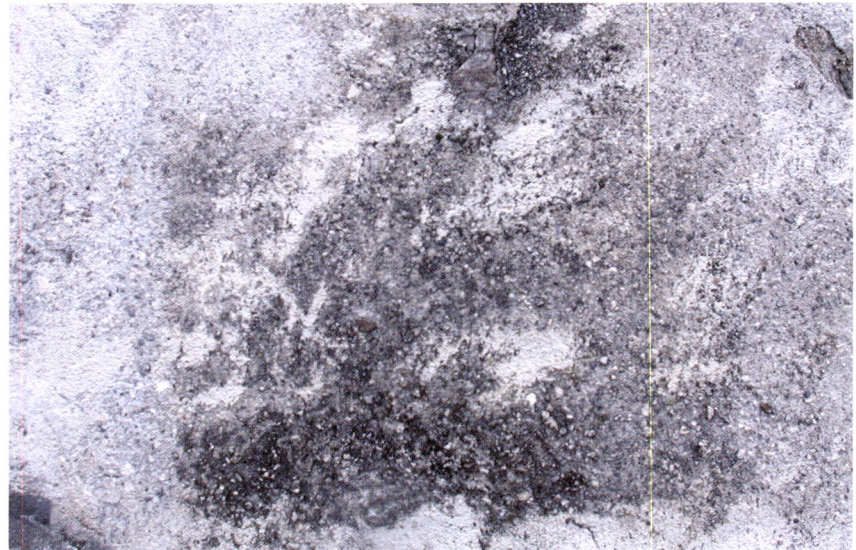

Abb. 72:
Bei der Putzrestaurierung am Turm wurde an der südorientierten Fassade ein Feld von etwa 1 m² im Vorzustand belassen

Lecanora gefunden. Moose beschränkten sich im Wesentlichen auf horizontale Flächen wie Fenstersimse und dies besonders an der Südseite des Turms, wo durch das Kirchendach eine zeitweilige Beschattung dieser Zonen auftrat.

Die Putzuntersuchung hat gezeigt, dass abbröckelnde Stellen an der Nordwestecke des Turmes mit weißen verdichteten Krusten vergesellschaftet waren. Dieselben hellen Krusten kamen auch zum Vorschein, wenn Flechtenlager abgelöst wurden. Diese Kruste wurde mit HPLC-Methoden chemisch analysiert und das Resultat ergab, dass neben Kalk und Gips Kalziumoxalat vorkam. (Die Referenzanalytik erfolgte an Oxalsäure.) Diese Krustenbildung durch flechten- und pilzgebildete Säuren und deren Umsetzung mit dem Kalk des Substrats resultiert in einem Oberflächenverschluss durch unlösliches Kalziumoxalat, vermengt mit ebenfalls mikrobiell gebildetem, weder sauer noch alkalisch löslichem Gips.

Abb. 73:
Ausschnitt aus dem nicht gereinigten Feld

Abb. 74:
Saniertes Feld , das vor der Reinigung und Neukalkung mit Rissen und dunklem Bewuchs versehen war und nun dazu dient, möglichen Neubewuchs zu erfassen

Es gibt zahlreiche Literatur über mikrobiell verursachte Zerstörung mineralischer Baumaterialien. Zahlreich sind aber auch die Angaben, dass eine aus Flechten gebildete Biomatte die Materialoberfläche vor weiterem Schaden schützt. In diesem Fall wurde entschieden, den bestehenden Bewuchs zu entfernen, da der Putz stellenweise stark abgebaut war und der Bewuchs als weiterer Feuchtespeicher schädigende Wirkung erwarten lässt. Die Bewuchsentfernung erfolgte mit unterschiedlichen Konzentrationen von Wasserstoffperoxid, bevor der Verputz gefestigt, teilerneuert und frisch gekalkt wurde. Bei dieser Restaurierung ergab sich die Gelegenheit, zwei Musterfelder für die Langzeitbeobachtung zu erhalten. Auf der Südseite wurde ein Feld nicht gereinigt und an der Nordseite wurde ein renoviertes Feld definiert. Beide stehen für die weitere Beobachtung zur Verfügung. Daran wird untersucht, wie rasch sich eine bestehende Flechtengesellschaft wieder ausbreiten kann und wie rasch eine gründlich überarbeitete und von Bewuchs befreite Fassade wieder neu befallen wird.

Nach heutigem Stand der Erfahrung und des Wissens kann dieses Vorgehen der Sanierung bei der Kulturgütererhaltung als geeignet betrachtet werden: Der Bewuchs besteht aus krustenbildenden und zudem wasseraufnehmenden Biomatten. Diese säureproduzierenden Organismen weichen den Träger Kalk bei Wachstumsbedingungen auf. Am bearbeiteten Objekt waren Flächen mit Oxalatkrusten zahlreich. Hier hatte sich Bewuchs früher entwickelt, ist dann aber abgefallen. Flechtengesellschaften zeichnen sich dadurch aus, dass sie sich oft im Zentrum einer Kolonie ablösen. Durch die Säurewirkung ist dort der Untergrund aufgeweicht und fällt bei der Flechtenablösung zum Teil mit ab. Nach Blaschke (1989) können Biomatten für verschiedene Feuchteansprüche definiert werden. An Orten mit einer stabilen Minimalfeuchte entwickelt sich auf mineralischen Gründen eine Flechtengesellschaft mit eingelagerten weiteren Mikroorganismen. Dieser Belag schützt die Oberfläche vor weiterem Abbau. Wenn jedoch der Untergrund bereits stark aufgeweicht oder verändert ist, dann sollte der Belag trotzdem entfernt werden. Es muss aber gleichzeitig sichergestellt werden, dass Neubewuchs vorgebeugt wird. Sonst erfolgt wiederum die Aufweichung der etwa 2 mm dicken Entmineralisierungszone und allmählich eine Reduktion des »Steins«. Als weitere Feuchtekriterien beschreibt Blaschke Zonen mit einer hohen Grundfeuchte, welche auch Moose fördert, und Zonen mit stark wechselnder Feuchte, wie es an einer Fassade oft vorkommt. Hier entsteht der aus Algen, Pilzen und Bakterien bestehende Biofilm. Dieser kann nicht nur die direkt unter dem Biofilm liegende Entmineralisierungszone aufweichen, sondern je nach Porosität und Wasserhaushalt in tieferen Schichten stark korrosiv wirken. Das oben beschriebene Experiment (Abb. 72 und 74) dient dem Erfassen dieser Zeitabhängigkeit bei der Bewuchsbildung und deren Folgen bei stabiler Minimalfeuchte an einem exponierten Turm der Südschweiz.

Fall 9: Bewuchs an einem stark wetterexponierten Kirchturm aus Sandstein

An der Wetterseite eines Kirchturmes (entspricht der Exposition West) im Kanton Bern/Schweiz war auf dem Baustoff Sandstein auffallender Bewuchs zu sehen. Zu dessen Beurteilung wurden einige Proben zur genaueren Laboranalyse mitgenommen. Am Ort fiel sogleich ein großer Unterschied zwischen dem starken Bewuchs der Westfassade und nur geringem Bewuchs an Nord- und Südfassade auf.

An der Westfassade (Eingang) befand sich ein erster Gerüstlauf etwa auf der Höhe des Giebels des Kirchenschiffs. Auf diesem Gerüstlauf war vor allem Flechtenwachstum auffallend. Auf dem darüberliegendem Lauf waren auch wieder vor allem Flechten zu sehen. Auf dem wiederum nächst höheren Lauf gelangte man in eine Zone mit starkem Moos- und Flechtenbewuchs. Und nochmals einen Lauf höher befand man sich auf der Höhe des Turmfensters. Auch hier war Moos- und Flechtenbewuchs auffallend.

In tieferen Lagen der W-Seite dagegen war der Bewuchs kaum an senkrechten Partien, sondern fast nur an waagerechten Stellen auffallend. Die mikroskopische Laboruntersuchung der Proben ergab folgendes Resultat:

Moosprobe von Westfassade am Turm	Es handelte sich um ein feines gipfelfrüchtiges Laubmoos mit Silberhaaren, mit großer Wahrscheinlichkeit um *Grimmia sp.* Diese Gattung enthält Arten, die stark besonnte trockene Standorte bevorzugen.
Schwarze pulverige Flechte	Es handelte sich um eine Gesteins- oder Krustenflechte. Es wurden Pilzlager und Algen vergesellschaftet vorgefunden, doch keine Perithecien. Die Morphologie deutet auf cf. *Verrucaria sp.*, eine Krustenflechte, die nicht oberflächlich aufsitzt, sondern sich im Untergrund fest verankert.
Wie oben, aber etwas grünlich	Im trockenen Zustand bestand kein Unterschied zu oben. Die Morphologie deutete auch auf cf. *Verrucaria sp.*, eine Krustenflechte, die nicht oberflächlich aufsitzt, sondern sich im Untergrund fest verankert.
Orange Flechtenlappen	Es handelte sich um die Lappen einer Krustenflechte. Aufgrund der Morphologie handelte es sich um cf. *Caloplaca sp.*
Links von der Uhr wurde vom grünlich erscheinenden Belag eine Probe genommen	Im trockenen Zustand und mikroskopisch bestand kein qualitativer Unterschied zur Probe 2 oder 3 (oben). Die Morphologie deutete auf cf. *Verrucaria sp.*, eine Krustenflechte, die nicht oberflächlich aufsitzt, sondern sich im Untergrund fest verankert.

Tab. 11: Bewuchs und Bewuchsbilder an Kirchturm aus Sandstein

Im vorliegenden Fall konnte man von einer Biomatte aus Moosen und Flechten besonders auf Sandstein sprechen. In dieser Matte sind immer auch weitere Mikroorganismen enthalten. Die Zone unterhalb einer solchen Matte bezeichnet Blaschke als Entmineralisierungszone, eine Schicht von etwa 2 mm Dicke. Weiter innen kommen die tieferen Schichten.

Moose bilden »Würzelchen« aus, mit denen sie die Materialoberfläche auflockern können. Moose kommen meist an Orten hoher Grundfeuchte vor. Die hier festgestellte Gattung *Grimmia* zeichnet sich aber dadurch aus, dass sie auch sehr trockene und besonnte Lagen schätzt.

Flechten wachsen dagegen an Stellen mit einer gewissen Minimalfeuchte. Diese muss nicht ständig zutreffen, doch gelegentlich muss Feuchtigkeit nachgeliefert werden. Der Einfluss von Flechten beruht vor allem darin, dass durch Abgabe von Säuren der Untergrund entmineralisiert und aufgeweicht wird. Das heißt, dass ein einmal bestehender Flechtenbelag eher als Schutz angesehen wird, weil er neuen Bewuchs verhindert. In Flechtenmatten kommen auch weitere Mikroorganismen vor. Diese werden dann zum Problem, wenn sie wegen hoher Feuchte in die tieferen Schichten einwachsen.

Abb. 75:
Ansichtsbild eines bewachsenen Kirchturms mit Flechten, Moosen und Pilzbewuchs

Der dunkle Aspekt der vorhandenen Krustenflechten beruhte auf der Färbung des Pilzpartners. Pilze kommen in all diesen Lagern reichlich vor.

Der Unterschied zwischen West- und benachbarten Fassaden konnte einzig durch Feuchtigkeitsunterschiede erklärt werden. Das heißt, dass diese W-Fassade oberhalb des Giebels (am Turm) als zeitweise feuchter betrachtet werden muss. Pilze, Moose, Flechten und in Pilz-, Moos- und Flechtenmatten eingebettete Algen können bei Feuchte wachsen, aber auch trockene Zeiten überdauern. Angesichts der exponierten Lage (Hügel, Friedhof) durfte nur ein Bekämpfungsmittel verwendet werden, das keine ökologischen Nebenprobleme bringt. Um den Bewuchs zu entfernen (gilt für Flechten, Moose und Pilzlager) wurde eine Entkeimung mit einem umweltunproblematischen Mittel (5%ige Wasserstoffsuperoxid-Lösung) empfohlen und vorgenommen. Anschließend musste der Bewuchs mechanisch entfernt werden. Da beim Augenschein auch gesagt wurde, dass auch Hohlstellen bestehen, wurde nicht mit Hochdruckreinigern gearbeitet. Flechten und Moose an empfindlichen Partien lassen sich auch durch intensive Befeuchtung und sanfte mechanische Reinigung leicht entfernen. Man darf aber nicht erwarten, dass nach dieser Reinigung künftiger Bewuchs verhindert

Abb. 76:
Gleicher Turm nach
der Steinreinigung

wird. Je besser jedoch die Reinigung vorgenommen wird, umso länger bleibt die gereinigte Fassade bewuchsfrei.

Aus mikrobiologischer Beurteilung ist die Empfehlung nicht eindeutig zu machen, ob Reinigung oder nicht reinigen besser ist. Denn nach der Bewuchsentfernung haben wir die teilentmineralisierte Oberfläche freigelegt und dadurch neuen Bewuchs möglich gemacht. Da aber diese Fassade meistens oft gut besonnt ist und auch wieder rasch austrocknen kann, ist nicht zu rechnen, dass hier später Moose mit hohen Feuchteansprüchen und Algenmatten wachsen werden. Die hier dominierende Krustenflechte kann je nach Feuchte verschieden aussehen, von fast schwarz über braun bis grünlich.

Es ist auch anzunehmen, dass die Grundfeuchte sinkt, sobald keine Hohlstellen mehr bestehen. Das würde bewirken, dass Bewuchs zwar nicht ausgeschlossen ist, aber nur noch »unauffälligere« Flechten wachsen könnten.

Dieses Vorgehen mit Steinreinigung nach Entkeimung mit Wasserstoffsuperoxid hat dazu geführt, dass die Patina von Stein und Stellen mit Kalkverputz ohne weitere Arbeiten (Ausnahme lokale Festigung) sich weiterhin entsprach. Die Arbeiten sind nun zum Teil beendet und werden periodisch aus mikrobiologischer Sicht beurteilt, um diese konkreten Erfahrungen zu dokumentieren.

Fall 10: Stützmauer

Besonders ausgeprägt ist der Bewuchseffekt zu sehen, wenn bei einer Renovierung einer vorher grauen Stützmauer an einem Hang mit Wasserdruck eine weiße Farbgebung gewählt wird.

Abb. 77:
Stützmauer, hinten im alten Zustand und vorne vier Jahre nach der Sanierung mit neuer weißer Farbgebung

Abb. 78:
Wasser drückt nicht nur vom Hang, sondern strömt auch von der Steinbrüstung und aus dem künstlerischen Detail. Von der tiefsten Stelle rinnt Wasser weg und fördert Grünalgenbewuchs (hier eine rote Form).

Abb. 79:
Moosbewuchs an dieser gleichen Stützmauer deutet wie der Grünalgen-Biofilm (Abb. 77 und 78) an, dass an dieser Stützmauer eine sehr hohe Grundfeuchte herrscht. Die Lage ist sehr schattig, nordorientiert und hat Wasserdruck vom Hang.

Fall 11: Gedanken zur Denkmalpflege

Das heutige Verständnis zur Denkmalpflege heißt nicht, dass ein Kulturdenkmal durch Restaurierung »renoviert« werden soll. Denkmalpflege achtet nicht primär auf das Aussehen, auch das Material der entsprechenden Zeit ist Kulturgut. Am Beispiel einer Kapelle im Kanton Bern/Schweiz sollen diese Ansprüche der Denkmalpflege aufgezeigt werden.

Im vorliegenden Fall kann der grüne Belag an Körnchen des Originalputzes mit Wasserstoffperoxid sicher abgetötet werden und muss dann noch mechanisch entfernt werden. Denn es darf niemals ohne wirkliche Untergrundsanierung eine neue Beschichtung, ein neuer Anstrich erfolgen. Dieser hier ist nicht mit modernen Materialien vorgesehen, sondern in der originalen Machart und

Abb. 80:
Das Kirchenschiff zeigt einen Kalkputz aus dem Jahre 1570. Letztmals wurde 1988 darauf eine Kalkschlämme appliziert. Bei der laufenden Restaurierung (2003) wurde festgestellt, dass sich lokal Grünalgen bis etwa 1 mm tief entwickelt hatten.
Der Turm ist später mit andern Baustoffen renoviert worden. Das heutige Aussehen stammt nicht aus der Zeit.

Abb. 81:
Am renovierten Turm
zeigt sich am schräg
ausgebildeten Turm-
fuß massiver Algen-
belag, wogegen am
Originalverputz der
Bewuchs nicht stört.
Dennoch muss der
Verputz überarbeitet
werden, um loses
Originalmaterial zu
erhalten.

Abb. 82:
Der Originalputz aus
dem Jahre 1570 ist
in einem denkmal-
pflegerisch guten
Zustand, doch muss
der Verputz über-
arbeitet werden. Wo
sich hinter Putzteil-
chen Algen ent-
wickeln konnten,
wird dieser Biobelag
entfernt, um das Ori-
ginal ungeschädigt
erhalten zu können.

Farbgebung. Entscheidend ist dabei, dass auf diese Weise der Originalputz erhalten und geschützt werden kann.

Diese Grundsätze der Denkmalpflege, den Denkmalwert des Objekts aber auch die Machart und die verwendeten Materialien zu achten, ist Leitgedanke bei jeder Restaurierung im Falle von Algen-, Pilz-, Flechten- oder Moosbewuchs. Wenn Bewuchs diese Werte gefährdet, dann ist eine Entkeimung immer nötig. Die Mittel dazu werden mit den restauratorisch vorgesehenen Arbeitsschritten abgestimmt, um so das Maximum zur Kulturguterhaltung beizutragen. Wenn ein bestehender Bewuchs keine Gefahr für das Original ist, diese vielleicht sogar schützt, dann muss der Zeitpunkt und Umfang zur Anwendung antimikrobieller Mittel und Möglichkeiten durchdacht und diskutiert werden. Oft wurde bei modernen Putzen an alten Bauwerken schon festgestellt, dass glatte Verputze weniger bewuchsanfällig sind. Denn Bewuchs beginnt immer mit einem »Keim«. Das kann eine zugeflogene Pilzspore, Alge oder ein Flechtenfragment sein. Bewuchs kann sich aber auch durch Herunterschwemmen eines bestehenden Bewuchses entwickeln und so die typischen Ablaufspuren entstehen lassen.

Abb. 83:
An dieser Kirche im Kanton Zürich/CH hatten sich im Sockelbereich, besonders an den schrägen Pfeilern massive Flechten-, Pilz- und Algenkolonien entwickelt. An den Pfeilern war die Entstehung der Sekundärkolonien durch Herunterwaschen von oberen Kolonieteilen deutlich sichtbar. Aus mikrobiologischer Sicht war der auffallende Bewuchs lokal leicht zu entfernen. Bei der gründlichen Bauuntersuchung hat sich aber gezeigt, dass unter diesem Bewuchs der Verputz kaum mehr haftete. So war der ursprüngliche Versuch einer Minimallösung mit Erhalten der bestehenden (auch mikrobiellen) Patina nicht möglich, um das Bauwerk in seiner Substanz zu schützen

5   Maßnahmen

5.1   Maßnahmen am Bau

5.1.1   Planung

Der mikrobielle Bewuchs an Fassaden kann schon im Anfangsstadium der Planung beeinflusst werden. Die Orientierung der Fassaden wie auch deren Nähe zu Wald und Gewässern haben dabei einen großen Einfluss.

Die Orientierung ist in den meisten Fällen nicht frei wählbar, es sollte aber bedacht werden, dass Fassaden, die nie von Sonnenstrahlen erwärmt werden, viel anfälliger für Bewuchs sind. Die Sonne hat einerseits den wärmenden Effekt auf die Oberfläche, was der Kondensatbildung und damit der Dauer der feuchten Oberflächen entgegenwirkt. Andererseits hat das Sonnenlicht durch dessen UV-Strahlungsanteil eine gewisse desinfizierende Wirkung. Es ist deshalb äußerst selten, dass stark besonnte Fassadenteile von mikrobiellem Bewuchs betroffen sind.

Die Nähe zum Wald und zu Gewässern hat insofern einen Einfluss, als in dieser Umgebung die Luft allgemein eine höhere relative Feuchtigkeit hat als im freien Feld. Dazu kommt, dass im Bereich der Bäume die Luftbewegung gegenüber einem freien Feld verlangsamt ist. Da der Wärme-Überganskoeffizient zwischen Oberfläche und Luft stark von der Luftbewegung an der Oberfläche abhängig ist, bewirkt eine Verlangsamung der Luftströmung einen größeren Übergangswiderstand (kleinerer Übergangskoeffizient h_e). Das wirkt der Aufwärmung einer unterkühlten Oberfläche auf die Lufttemperatur entgegen und damit wird ebenfalls die von Kondensat bedeckte Oberfläche langsamer trocknen.

5.1.2   Architektur und Bautechnik

Durch die Wahl der Architektur wird die Wahrscheinlichkeit eines Bewuchses beeinflusst. Dabei steht der Schutz gegen übermäßige Feuchtigkeit und gegen Abstrahlung im Vordergrund. Nahe liegend sind hier z. B. große Vordächer, die vor Befeuchtung durch Regen schützen. Zusätzlich schützen sie auch vor Abstrahlung gegen den klaren Nachthimmel. Es ist darum sinnvoll, bei der wärmetechnischen Sanierung einer Fassade das Vordach gleichzeitig ebenfalls zu verbreitern. In den Abb. 84 bis 86 ist ein Beispiel gezeigt, bei dem das Vordach um die Dicke der zusätzlichen Wärmedämmung verbreitert wird.

Die Vordächer bilden vielfach auch eine bauliche Wärmebrücke, was eine Erwärmung der äußeren Oberfläche bewirkt. Im Weiteren wird durch das Vor-

Abb. 84:
Der Zustand vor der Sanierung; das Vordach bietet gerade Platz für die Wärmedämmung, aber hat danach keinen Überstand mehr

Abb. 85:
Bauzustand; mit Latten wird das Vordach um mindestens die Dicke der zukünftigen Wärmedämmung verbreitert

springen der Vordächer Wärme gestaut, die die Fassade entlang nach oben strömt. Alle diese Einflüsse sind aber auf eine bestimmte Höhe unterhalb der Vordächer begrenzt. Als Größenordnung kann angenommen werden, dass die vertikale Ausdehnung des Schutzes eines Vordaches etwa der zweifachen Ausladung dieses Vordaches entspricht. In den Abb. 87 und 88 sind diese Wirkungen sichtbar. Daraus wird klar, dass bei mehrstöckigen Gebäuden ein Vordach alleine nicht als Schutz gegen Algen und Pilze genügen kann. Es müssen auch andere Maßnahmen ergriffen werden.

In vielen Fällen kann beobachtet werden, dass unter den Fenstern der Bewuchs fehlt oder nur schwach ausgebildet ist. Dies kann als Folge des Wetterschutzes der vorspringenden Fensterbänke ausgelegt werden. Abb. 89 zeigt ein typisches Beispiel. Abb. 90 zeigt eine Infrarotaufnahme des gleichen Fassadenausschnitts. Das Wärmebild lässt den Schluss zu, dass neben dem Wetterschutz die höheren Fassadentemperaturen für die bewuchsfreien Fensterzonen verantwortlich sind. Diese höheren Temperaturen sind ein Ergebnis von Heizkörpern, die in Brüstungsnischen montiert sind, und/oder von schwächeren Wärmedämmungen der Fensterbrüstungen.

Abb. 87:
Bewuchsfreie
Fassadenfläche
unterhalb der
Vordächer

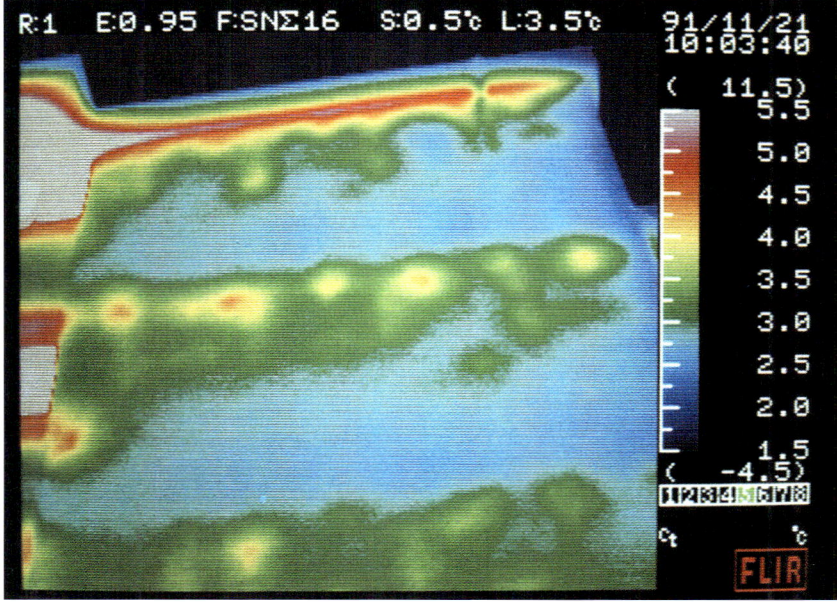

Abb. 88:
Die Infrarotauf-
nahme zu Abb. 87
zeigt eine erhöhte
Oberflächentempe-
ratur infolge einer
Wärmebrücke oder
eines Wärmestaus
unterhalb der Vor-
dächer

Abb. 89:
Bewuchsfreie
Fassadenfläche an
Brüstungen

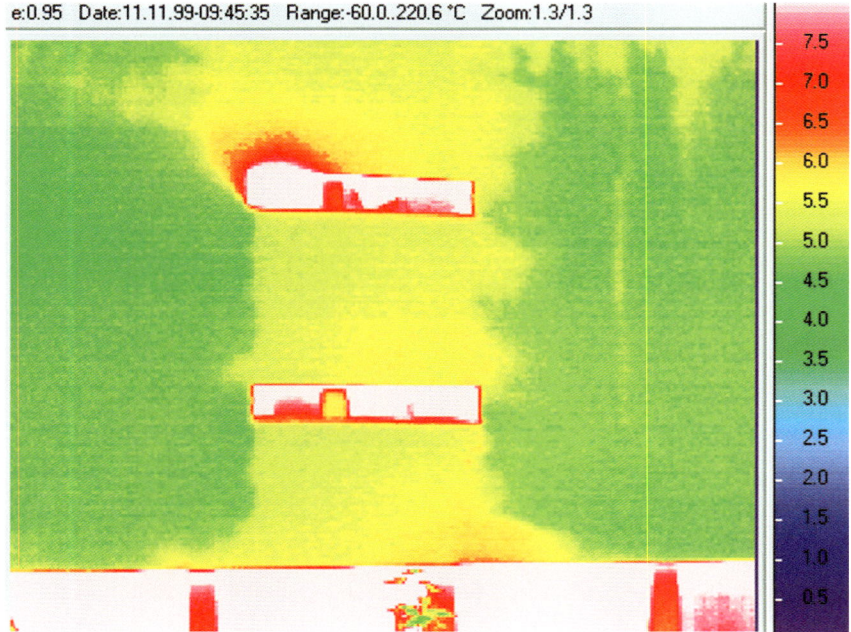

Abb. 90:
Die Infrarotaufnah-
me zu Abb. 89 zeigt
eine erhöhte Fassa-
dentemperatur an
den bewuchsfreien
Brüstungen. Die Ur-
sache liegt vermut-
lich bei Heizkörpern
die innenseitig an
den Brüstungen
angebracht sind oder
die Räume werden
wärmer beheizt.

5.2 Maßnahmen beim Material

5.2.1 Biozid-Produkte

Durch Zugabe von antimikrobiell wirkenden Stoffen, sogenannten Biozid-Produkten, ist es möglich, Bewuchs von Algen, Pilzen und Bakterien zu kontrollieren, das heißt Wachstum zu unterdrücken. Derartige Schutzmittel mit Wirkung gegen Algen- und Pilzwachstum sind heute eine der Möglichkeiten, Bewuchs an Fassaden zu verhindern.

Die revidierte EU-Verordnung Nr. 528 ist seit dem 1. September 2013 in Kraft und regelt das Inverkehrbringen von Biozidprodukten. Die entsprechende Verordnung in der Schweiz ist seit dem 15. Juli 2014 gültig. Als Wirkstoffe gelten sowohl Stoffe (chemische Stoffe) als auch Mikroorganismen mit allgemeiner oder spezifischer Wirkung gegen Schadorganismen. Als Schadorganismen werden alle Organismen verstanden, die u.a. als für den Menschen, für Produkte, die er verwendet oder die Umwelt unerwünscht oder schädlich sind. Diese Biozid-Produkte brauchen eine Zulassung. Auf der Verpackung müssen die enthaltenen Wirkstoffe und deren Konzentration aufgeführt sein.

Bei den Biozid-Produktarten besteht eine Hauptgruppe »Schutzmittel«, in welcher z.B. folgende Produktarten erscheinen: Topf-Konservierungsmittel, Beschichtungsschutzmittel, Schutzmittel für Mauerwerk. Eine weitere Hauptgruppe betrifft die »Schädlingsbekämpfungsmittel«: Diese betreffen gemäß Richtlinie nur Tiere. Die Schutzmittel sind dagegen Biozid-Produkte, wie sie im Materialschutz zum Schutz von Fassaden gegen Algen- und Pilzwachstum zum Einsatz gelangen. Heutige und künftige Biozid-Produkte mit dem Zweck, Fassadenbewuchs zu verhindern, sind also bewilligungspflichtige Handelsprodukte, zu deren Zusammensetzung eine beschränkte Anzahl Wirkstoffe (chemische Stoffe) zur Verfügung steht.

Diese Wirkstoffe und Biozid-Produkte können bei Farben und Putzen mehrere Ziele verfolgen. Wasser ist die Hauptvoraussetzung für mikrobielles Wachstum, und Wasser ist heute das dominierende Lösemittel bei diesen Produkten. Um das Produkt vor dem Verderben zu schützen, schon bevor es seine Aufgabe als Fassadenanstrich oder Verputz erfüllen soll, sind Konservierungsmittel notwendig. Diese sogenannten Topfkonservierungsmittel sind gut wasserlöslich und haben die Aufgabe, das Produkt als Nassmuster im Topf oder Gebinde vor mikrobieller Zersetzung zu konservieren. Wir kennen diesen Sachverhalt auch von Lebensmitteln: Nur wenn wasserhaltige Lebensmittel »konserviert« werden oder wenn sie vor dem Verpacken sterilisiert werden, sind sie bei Zimmertemperatur lagerbar. Topfkonservierungsmittel müssen gegen Verderbnisbakterien und -pilze schützen, die sonst Verdickungsmittel und andere Additive abbauen und dadurch das Produkt verändern, noch bevor es an der Wand aufgetragen ist.

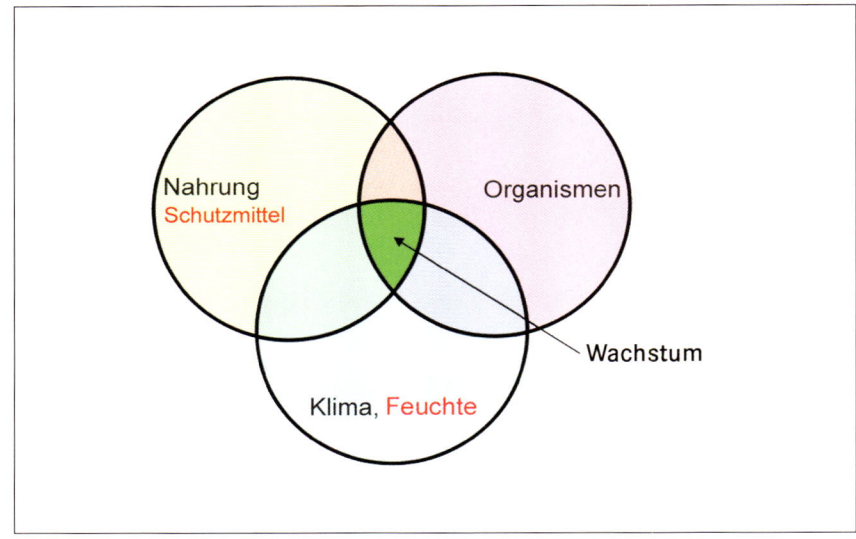

Mit Hilfe dieser Schutzmittel ist es möglich, dass Bewuchs verhindert wird, auch wenn Komponenten des Materials Nahrung für Pilze oder Träger für Algenwachstum sind. Organismen sind immer in unserer Umgebungsluft vorhanden. Mit Hilfe dieser Schutzmittel wird mögliche Nahrung ins Gegenteil gekehrt. Trotz Wachstumsklima und Nahrung wird Bewuchs verhindert. Doch Schutzmittel sind immer nur für beschränkte Zeit wirksam, weil sie sich erschöpfen. Von einem Topfkonservierungsmittel kann erwartet werden, dass es mikrobiellen Verderben im Gebinde mindestens verhindert, bis das Anstrichmittel oder der Verputz verarbeitet ist. Von einem Filmkonservierungsmittel differieren die Anpreisungen zur Wirkungsdauer.

Filmkonservierung nennt man die chemische Konservierung des fertigen Anstrichs oder Verputzes an der Fassade gegen mikrobiellen Bewuchs, vor allem durch Algen und Pilze. Von der Anstrichfilmkonservierung erwartet man, dass diese Mittel es verhindern, dass Algen und Pilze an der Fassade wachsen. Weil Algen und Pilze in der Wasserphase leben, müssen sie auch über das Wasser bekämpft werden. Jedes Mikrobizid (Biozid gegen Mikroorganismen), Algizid (Biozid gegen Algen) oder Fungizid (Biozid gegen Pilze) muss in einem bestimmten Maß wasserlöslich sein, dass es diese Aufgabe über die Wasserphase erfüllen kann. Es darf aber wiederum nicht derart löslich sein, dass es beim ersten Regen ausgewaschen wird und von der Fassade verschwindet. Hier ist Fachwissen für die geeignete Produktzusammensetzung nötig, um die Langzeitwirkung dieser Filmkonservierung sicherzustellen. Es ist heute aus Umweltschutzgründen nicht mehr toleriert, dass mit umfassenden und völlig umweltbeständigen Stoffen dieser Schutz erreicht wird. Dieser notwendige Schutz ist der Gefährdung, also der Umgebung, der Materialzusammensetzung und der Bauweise, anzupassen. Wirkstoffe und Biozid-Produkte, die früher noch toleriert waren, sind heute nicht mehr alle zugelassen und es ist damit zu rechnen, dass künftig noch weitere chemische Stoffe aus Umweltschutzgründen vom Markt verschwinden werden.

Das Ziel der Biozid-Produkte zum Schutz von Anstrichen und Putzen gegen Bewuchs ist also eine spezifische antimikrobielle Wirkung. Zur Konservierung eines Anstrichs gegen Pilzbewuchs reicht eine fungistatische Wirkung aus. Fungizide Wirkung wird dagegen von einem Produkt erwartet, das bestehenden Pilzbewuchs abtöten soll. Denselben Unterschied macht man zwischen algistatischer und algizider Wirkung. Antimikrobielle Wirkung umfasst dies alles und ist fallweise zu präzisieren (Tab. 12).

Seitdem sich das Problem der Algen- und Pilzkulturen an wärmegedämmten Fassaden verschärft hat, müssen nach Schweizer Baunorm die Bauherren informiert werden, dass Algen und Pilze zum Problem werden könnten und mit antimikrobiell eingestellten Produkten erfolgreich bekämpft werden können. Dies ist solange möglich, wie zu diesem Zweck bewilligte Biozid-Produkte bestehen. Antimikrobiell eingestellte Beschichtungen sind auf verschiedene Art möglich: Wirkstoffe sind in notwendiger Konzentration als Additiv im Anstrich oder Putz enthalten. Durch Bewitterung und entsprechende Auslaugung wird der Wirkstoffgehalt dann allmählich so weit reduziert, bis schließlich keine antimikrobielle Wirkung der Beschichtung mehr besteht. Die Dauer der antimikrobiellen

antimikrobiell	gegen Mikroorganismen
antibakteriell	gegen Bakterien
antimykotisch	gegen Pilze
biozid	abtötend gegen Leben
mikrobizid	abtötend gegen Mikroorganismen
bakterizid	bakterientötend
algizid	algentötend
fungizid	pilztötend
biostatisch	wachstumshemmend gegen Lebewesen
bakteriostatisch, bakteristatisch	wachstumshemmend bei Bakterien
algistatisch	wachstumshemmend bei Algen
fungistatisch	wachstumshemmend, wachstumsunterdrückend bei Pilzen

Tab. 12:
Einige Begriffe und deren Bedeutung

Wirkung zu verlängern, ist Aufgabe der Forschung und Entwicklung.

Eine weitere Möglichkeit antimikrobiell wirkende Beschichtungen herzustellen, liegt in der Formulierung bioaktiver Oberflächen mit Hilfe von immobilisierten Wirkstoffen. Immobilisierte Wirkstoffe sind so ins Material gebunden, dass sie nicht ausgewaschen werden können, also »permanente Wirkung« erwarten lassen. Diese Art und Weise des Schutzes ist noch immer in der Forschungsphase.

5.2.1.1 Nachweis antimikrobieller Eigenschaften

Im Rahmen eines Forschungsprojekts der EMPA, gemeinsam mit verschiedenen Industriepartnern, wurden Labormethoden (EMPA, 2002) entwickelt, um Produkte standardisiert vergleichen zu können. Bei diesen Methoden werden drei verschiedene Fragen beantwortet:

1. Ist oder enthält ein Anstrich oder Putz Nahrung für Pilze?
2. Kann eine antimikrobielle Ausrüstung (Anstrichfilmkonservierung) verhindern, dass Algen auf dieses Material hinüberwachsen?
3. Kann eine antimikrobielle Ausrüstung (Anstrichfilmkonservierung) verhindern, dass Pilze auf dieses Material hinüberwachsen?

Da im Falle einer antimikrobiellen Filmkonservierung bekannt ist, dass ein Teil des Wirkstoffes ausgewaschen werden kann, werden die Biotests sowohl am Originalmaterial als auch an künstlich gealtertem Material vorgenommen. Besonders die Auslaugung der Laborproben vor dem Biotest lässt gute Differenzierung der Prüfungen für die Praxis zu.

Abb. 92:
Ein Putz wird von den Prüfpilzen, die auf dem Nährboden rund um die Probe reiche Nahrung haben, überwachsen. Dieses Resultat zeigt an, dass dieses Material nicht gegen Pilzwachstum geschützt ist.

Diese hier dargestellten Methoden eignen sich zur Prüfung von Materialien mit diffundierenden Wirkstoffen. Doch auch immobilisierte Wirkstoffe und derart bereitete bioaktive Oberflächen lassen sich überprüfen.

Abb. 93:
Auf einem kohlenstofffreien Agar ist die Probe dem Einwirken verschiedener Pilze ausgesetzt. Die Pilze finden auf dem Prüfling besssere Wachstumsbedingungen/Nahrung als auf dem umgebenden Agar. Dieser Putz ist Nahrung für Pilze.

Abb. 94:
Auf dem Agar und auf dem Prüfling wachsen die Testalgen. Bei der Bewuchsbeurteilung erhält diese Probe die Note 2–3, d. h., dass etwa 25 % Bewuchs besteht. Das bedeutet, dass diese Probe nicht gegen Algenbewuchs geschützt ist.

5.2.1.2 Zum Nachweis bioaktiver Materialien und antimikrobieller Oberflächen

Der Schutz kann entweder durch eine Behandlung der Materialoberfläche oder durch eine Veränderung des Materials selbst erzielt werden. Wasserlösliche diffundierende Stoffe und Behandlungen lassen sich im Agardiffusionstest halbquantitativ erfassen. Noch fehlte bisher eine validierte Methode für immobilisierte Antimikrobika und damit behandelte Materialien. In Zusammenarbeit mit dem europäischen Verband der Synthesefaserhersteller (www.bisfa.org) wurde erreicht, dass nun diffundierende wie immobilisierte Antimikrobika nachgewiesen werden können.

Erfahrung in der Entwicklung, Validierung und Anwendung mikrobiologischer Methoden gestattet den Nachweis bioaktiv oder antimikrobiell wirkender Materialeigenschaften in verschiedensten Anwendungsgebieten (Materialschutz, Hygiene, Bauwesen, Medizin) und bietet das Werkzeug zur Materialentwicklung mit entsprechenden Eigenschaften. Verschiedene Methoden zum Nachweis antimikrobieller Wirkung wurden innerhalb der Schweizerischen Arbeitsgruppe für mikrobiologische Prüfmethodik auf dem Gebiet Textil und Kunststoffe entwickelt (SN 195920, SN 195921). Bei immobilisierten und überhaupt nicht diffundierenden Schutzmitteln muss die Methode für die jeweilige Fragestellung angepasst werden. Dazu ist es wichtig, dass beim Kontrollversuch Wachstum vorkommt. Nur so lässt sich Wirksamkeit gegen mikrobielles Wachstum nachweisen.

*Abb. 95:
Verringertes Bakterienwachstum, kleinere Kolonien unter einer runden Testprobe, im Vergleich mit dem Kontrollwachstum (rechts)*

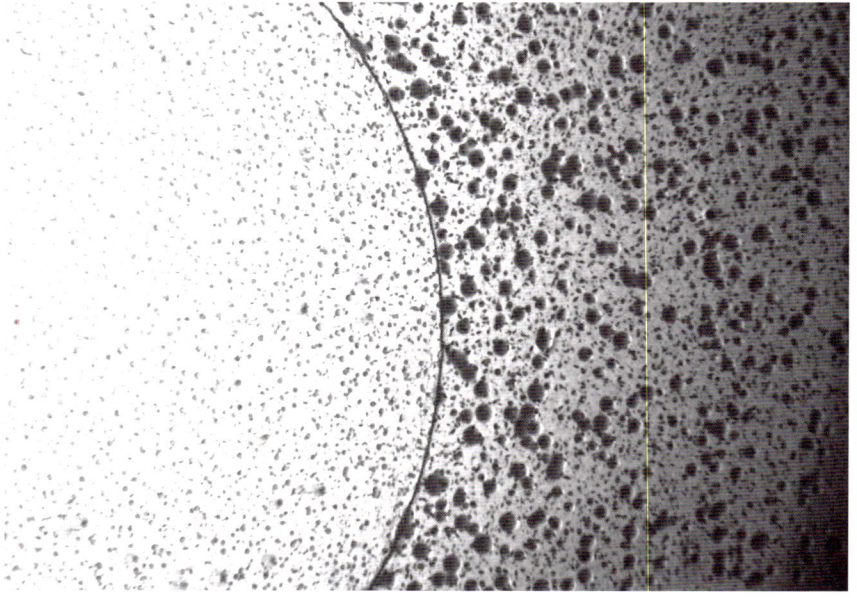

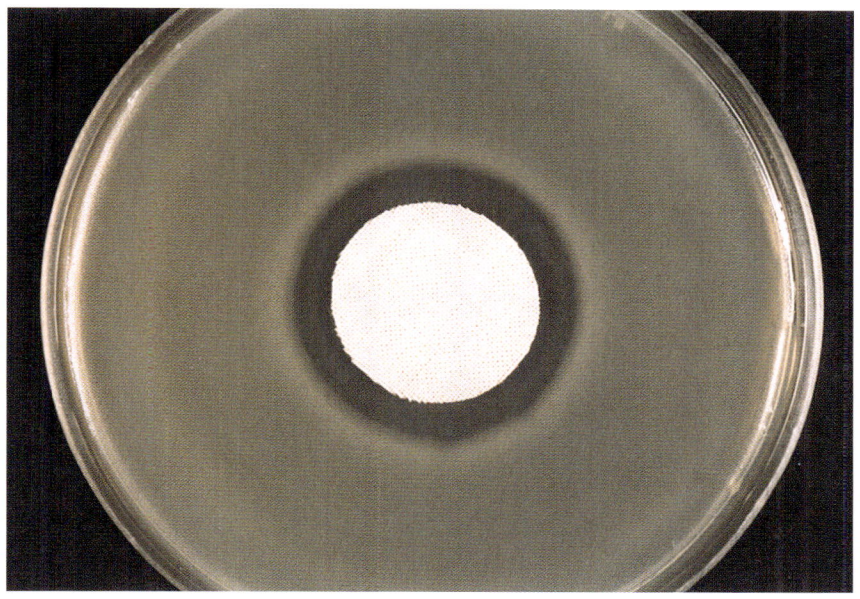

Abb. 96:
Diffusion eines
antimikrobiellen
Wirkstoffs verhindert
Bakterienwachstum
(Trübung) in einem
»Hemmhof« rund um
die Testprobe. Das-
selbe Bild geschieht
bei antimykotisch
und gegen Algen wir-
kenden Anstrichen
und Putzen.

5.2.1.3 Selbstdesinfizierende Oberflächen

Ein Spezialfall von Biozid-Produkten sind Stoffe, die nicht selbst als Wirkstoffe anzusehen sind, die aber bei ihrem Einsatz antimikrobielle Wirkung entwickeln. Beispiel dafür sind selbstdesinfizierende Oberflächen auf der Basis photoaktiver Pigmente wie z. B. Titandioxid.

Titandioxid in der Form von Anatas ist ein Weißpigment und gleichzeitig ein sogenannter Photohalbleiter. Wenn dieses Titandioxid durch langwelliges UV-Licht der Wellenlänge 380 nm in Anwesenheit von Feuchte angestrahlt wird, werden durch Photokatalyse OH-Radikale gebildet. Diese sehr starken Oxidationsmittel können organische Moleküle wie die DNS oder Eiweiß und Keime abbauen. Diese Eigenschaft wird in der Pharmaindustrie bereits zur Keimeliminierung an selbstdesinfizierenden Oberflächen eingesetzt.

5.2.2 Feuchtehaushalt

Die materialspezifischen Möglichkeiten zur Reduktion des Bewuchsrisikos sind noch nicht in allen Teilen erforscht. Diverse Vermutungen bezüglich der Eigenschaften der Oberflächenschicht, wie insbesondere kapillares Saugverhalten, Wasserdampfdiffusionsverhalten, ph-Wert, Bindemittel (mineralisch, kunststoffgebunden) sowie bezüglich der Oberflächenstruktur und der Wirkung von bauchemischen Zusätzen, wie Wasserrückhaltestoffe, Tenside, Emulgatoren usw., sind wissenschaftlich noch nicht genügend abgeklärt. Grundsätzlich wirkt alles bewuchsfördernd, was eine längere Feuchtigkeit an der Oberfläche oder der oberflächennahen Zone bewirkt.

Die Hydrophobierung der Fassadenoberfläche ist eine Maßnahme, in die große Hoffnungen gesetzt wurden. Hydrophobe Fassadenflächen zeichnen sich dadurch aus, dass sie Wasser abstoßen und dass einzelne Wassertropfen rasch

Abb. 97:
Tauwasserbildung an
einer hydrophoben
Oberfläche unter
dem Mikroskop
(Vergrößerung ca.
40-fach, das Bild
entspricht einem
Ausschnitt von
ca. 2 × 3 mm)

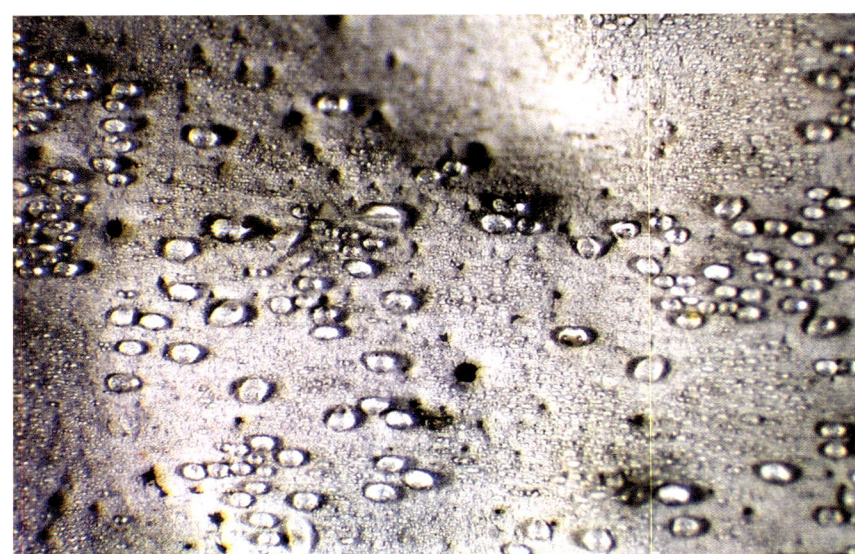

Abbildung 98:
Gleiche Oberfläche
wie in Abb. 97 nach
dem Verdunsten des
Tauwassers

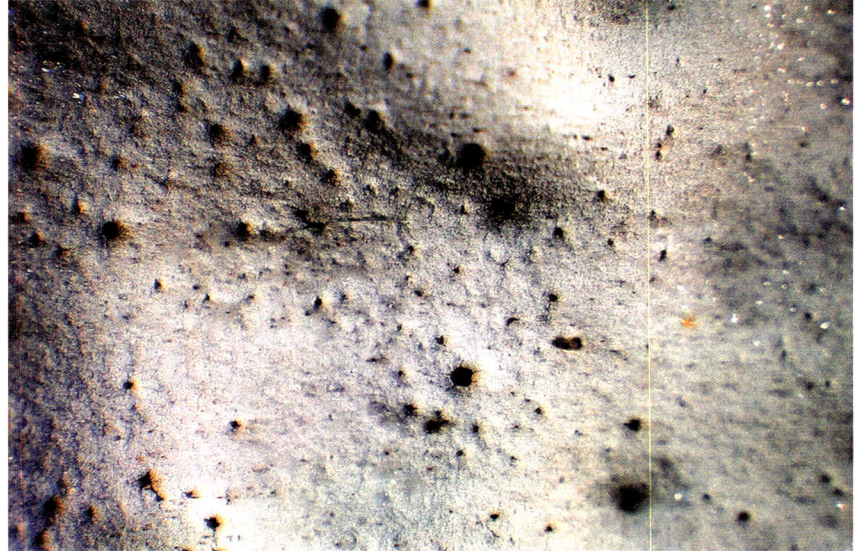

nach unten wegfließen. Aus diesem Verhalten wurde der Schluss gezogen, dass Bewuchs mittels Hydrophobierung verhindert werden kann. Leider wurde dies durch verschiedene Beispiele widerlegt. Die Ursachen liegen darin, dass die hydrophoben Eigenschaften durch natürliche Witterungseinflüsse abgebaut werden und dass sich auch auf hydrophoben Oberflächen ein Tauwasserfilm bilden kann. Es ist ein grundlegender Unterschied, ob das Wasser tropfenförmig, d.h. mit einer Oberflächenspannung versehen, auf die Oberfläche gelangt oder ob dies als Wasserdampf in Form einzelner Wassermoleküle erfolgt.

Beim Kondensieren von Wasserdampf auf einer Oberfläche werden zuerst einzelne H_2O-Molekül-Cluster an die Oberfläche angelagert. Diese wachsen allmählich zu mikroskopisch kleinen Tröpfchen, deren Adhäsionskraft auf der Oberfläche größer ist als die Schwerkraft. Die Tröpfchen wachsen weiter und verbinden sich miteinander. So entsteht ein hauchdünner Wasserfilm in einer Dicke von Bruchteilen von Millimetern. Mit dem Auge ist dieser Film unsichtbar. Erst unter einem Mikroskop oder einer Stereolupe kann der Vorgang bei Raumtemperatur an einer ausgekühlten Probe verfolgt werden. So entstanden auch die Abb. 97 und 98, die die Entstehung der Tauwasserbildung darstellen. Aufgenommen wurde es im Labor an einer hydrophobierten Verputzprobe, die vorgängig im Gefrierschrank gelagert wurde.

5.2.3 Energiehaushalt

Eine weitere Möglichkeit den Bewuchs zu verhindern, kann über einen veränderten Energiehaushalt erfolgen. Ziel dabei ist es, die äußere Wandoberfläche nicht oder nur wenig unter die Umgebungsluft abkühlen zu lassen. Dies kann auf verschiedene Arten geschehen:

Eine Möglichkeit besteht in der Verwendung einer wärmeträgen Konstruktion auf der Außenseite. Dabei werden gut wärmespeichernde Materialien in genügender Dicke als äußere Haut eingebaut. Diese speichern die Wärme des Tages und geben sie während der Nacht langsam wieder ab. Dabei wird die äußere Oberfläche kaum oder nur unbedeutend unterkühlt. Diese Bauweise braucht üblicherweise dickere Wände und verbraucht deshalb mehr Material und ist darum teuer. Zudem ist sie nicht in allen Lagen sicher vor Algenbefall, wie das Beispiel mit einem Zweischalenmauerwerk in Kapitel 4 zeigt.

Eine zukunftgerichtete Möglichkeit ist der Einbau von PCM-Stoffen (Phase Change Material) in der äußersten Wandschicht. Diese PCM bestehen aus mikroskopisch kleinen Hohlkugeln, die mit einem paraffinartigen Material gefüllt sind, das bei Temperaturwechsel seinen Zustand von fest zu flüssig ändert. Die Sonnenbestrahlung oder die allgemeine Tageswärme liefern die Energie, um den Zustand der Kugelfüllung von fest zu flüssig zu ändern. Diese Energie wird gespeichert und bei der Abkühlung, wenn sich die Füllung von flüssig zu fest ändert, wird sie wieder frei. Mit dieser freiwerdenden Energie wird die Oberfläche aufgewärmt. In der Bekleidungsindustrie werden die Materialien mit ihrer wärmespeichernde Fähigkeit eingesetzt. Mit diesen Systemen wurden Versuche am Bau durchgeführt, die sich aber meist als erfolglos erwiesen haben. Ein Handelsprodukt für Innenanwendungen ist mittlerweile auf dem Markt erhältlich. Auch hier wird sich zeigen, welche Nebenwirkungen dieser neue Baustoff aufweisen wird. Zudem muss für die Anwendung an der Fassade eine geeignete witterungsbeständige Zusammensetzung gefunden werden.

Als weitere zukunftsgerichtete Möglichkeit ist der Versuch einzustufen, die Infrarot-Strahlungseigenschaften der äußeren Oberfläche zu verändern. Übliche Baumaterialien gleich welcher Farbe haben einen Strahlungs-Emissionsgrad [ε] der zwischen 0,9 und 0,95 schwankt. (Bei vereinzelten Materialien wie Glas oder blanken Metallen ist der Emissionsgrad tiefer, bis gegen 0,1). Durch die Senkung des Emissionsgrades wird weniger Energie von der Oberfläche an die Umgebung abgegeben, was zu höheren Oberflächentemperaturen führt. Dieser Effekt wird in verschiedenen Anwendungen schon heute verwendet (z. B. Solarkollektoren), ist aber für die Applikation auf Baustellen noch nicht verbreitet. Auch hier sind Entwicklungsarbeiten im Gange und werden in Zukunft möglicherweise eine einfache Möglichkeit bringen, die Unterkühlung zu verhindern. Der tiefe ε-Wert sollte idealerweise mit einem Anstrich erreicht werden können. Erste Produkte mit solchen Anstrichen sind inzwischen auf dem Markt.

5.2.4 Physikalische Oberflächeneigenschaften

Ebenfalls eine zukunftsgerichtete Entwicklung geht in die Richtung der Selbstreinigung der Fassaden. Dies kann nach heutigen Entwicklungstendenzen auf zwei verschiedene Arten geschehen. Als eine Möglichkeit wird die Oberfläche in einer solchen Struktur hergestellt, dass Verschmutzungen (und dazu gehören auch die Sporen der Pilze und Zellen der Algen) vom Regen ohne zusätzliche mechanische Einwirkung heruntergewaschen werden. Dieser Mechanismus wird auch ›Lotuseffekt‹ genannt. Dies ist in Anlehnung an die Oberflächen der Lotusblätter, die mit einer speziell genoppten und mit Wachs überzogenen Oberfläche ausgerüstet sind (vgl. Abb. 99). Diese pflanzlichen Oberflächen sind von Wassertropfen nicht benetzbar. Dadurch wird Schmutz vom Regenwasser einfach abgewaschen. Die Herstellung einer künstlichen Schicht, die sich ähnlich verhält, ist ansatzweise gelungen. Allerdings muss sich die Dauerhaftigkeit und Sanierbarkeit erst noch beweisen. Anders als bei Pflanzen, wo eine Oberfläche erneuert werden kann, muss ein Fassadenanstrich, der einmal aufgebracht ist, für mehrere Jahre in gleicher Qualität halten.

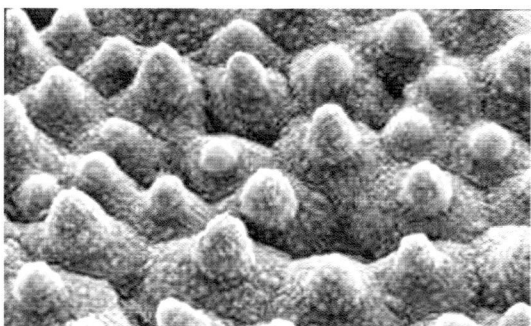

Abb. 99:
Oberfläche eines
Lotusblattes (REM-
Aufnahme) (Quelle:
Botanisches Institut,
Bonn)

Eine andere Art der Selbstreinigung von biologischer Verschmutzung wird mit dem Zusatz von Titandioxyd versucht. Dieses hat die Eigenschaft unter Einwirkung von UV-Strahlung keimtötend zu wirken. (Vgl. Abschnitt Selbstdesinfizierende Oberflächen, S. 93). Ob die UV-Strahlung des direkten Sonnenlichtes und insbesondere die UV-Strahlung der Globalstrahlung stark genug ist, um diese Wirkung zu erzielen, muss sich erst noch erweisen. Letzteres ist speziell wichtig, da der Befall mit Mikroorganismen vorzugsweise an Stellen auftritt, wo direktes Sonnenlicht nie oder nur spärlich hinkommt.

Als weitere Möglichkeit bieten sich selbstauskreidende Farben an, die einer beginnenden Bewuchs gleich wieder abstoßen. Diese Methode wurde in der Denkmalpflege bereits angewandt. Damit geht aber ein Materialverlust einher, der als Folge davon regelmäßig erneuert werden muss.

6 Instandsetzung und Unterhalt

6.1 Instandsetzung einer befallenen Fassade

Eine mit Algen und Pilzen befallene Fassade lässt sich ohne nennenswerte Eingriffe in die Struktur der Konstruktion reinigen und schützen. Voraussetzung ist allerdings, dass der Verputz noch in einem guten Zustand ist. Dies ist der Fall, wenn er praktisch rissefrei ist, keine Hohlstellen aufweist und nicht absandet.

6.1.1 Allgemeines

Die folgende Art der Instandsetzung einer mit Mikroorganismen bewachsenen Fassade entspricht dem Stand des Wissens vom Sommer 2003 und wird immer noch als wirksame Instandsetzung empfohlen. Die Wirkung dieser Maßnahmen sind von beschränkter Dauer. Wegen der speziellen Wirkungsweise müssen die Schutzmittel wasserlöslich sein und werden folglich mit der Zeit ausgewaschen. Die Dauer der Wirkung hängt sehr stark von der Bewitterung der Fassade, der eingebauten Menge der Wirkstoffe und der Eigenschaften der Materialien ab. Sie kann im Voraus nicht abgeschätzt werden. Die Maßnahmen sollten aber auch unter den widrigsten Bedingungen für mindestens 8–10 Jahre einen Bewuchs verhindern. Bei erneutem Bewuchs müssen die Maßnahmen wiederholt werden.

6.1.2 Vorarbeiten und Abklärungen

Weist der Verputz hohle Stellen auf, so sind solche Stellen lokal oder großflächig zu ersetzen. Treten verbreitet Risse in einem Verputz über Wärmedämmplatten auf, sind deren Ursachen abzuklären. Je nach Ursache ist das gesamte Verputzsystem abzuschälen, die Wärmedämmplatten für die Aufnahme eines neuen Verputzes vorzubereiten und die ganze Fläche neu zu verputzen. Falls nur vereinzelte Risse auftreten, müssen diese vor der Algensanierung lokal saniert werden.

Diese Vorarbeiten sind wichtig, damit bei der Reinigung mit Dampf oder Hochdruckwasserstrahl nicht übermäßig viel Wasser in die Konstruktion eindringt, was zu Folgeschäden führen kann.

Weiter ist abzuklären, ob der Bewuchs aus Algen, Pilzen oder einer Kombination beider Gruppen besteht. Dies ist notwendig, damit für die Entkeimung das richtige Produkt angewendet wird.

Bei der Reinigung ist zu unterscheiden, ob ein großflächiger Bewuchs vorliegt oder ob es sich um ein lokales Problem handelt. Die Reihenfolge der Applikation der Biozide ist je nach Umfang des Bewuchses umgekehrt. Als großflächig wird ein Befall betrachtet, wenn eine ganze Fassade befallen ist und darum die Fassade eingerüstet werden muss. Als lokal kann ein Befall bezeichnet werden wenn z. B. nur der Sockelbereich instand gesetzt werden muss.

6.1.3   Reinigung

6.1.3.1   Erste Reinigung bei großflächigem Befall

Säubern der Fassade mittels Nassreinigung, z. B. mit Dampf oder Hochdruckwasserstrahl; der Druck ist dabei auf die Materialfestigkeit der Oberfläche abzustimmen. In Zweifelsfällen ist es ratsam Vorversuche durchzuführen. Vorsicht ist geboten bei nicht sanierten Fassadenrissen. Eine übermäßige Wasseraufnahme durch die Risse ist zu vermeiden (siehe Vorarbeiten und Abklärungen). Nach der Nassreinigung ist die Fassade gut trocknen zu lassen und vor Regen zu schützen.

Ziel dieser Reinigung ist das Säubern der Fassade von Schmutz und losen Teilen. Dabei wird in Kauf genommen, dass Pilzsporen und Algenzellen über die Fläche verteilt werden. Diese werde bei der zweiten Reinigung behandelt. Die Oberfläche sollte anschließend für den Anstrich bereit sein.

6.1.3.2   Zweite Reinigung bei großflächigem Befall

Entkeimung der befallenen, doch bereits oberflächlich gereinigten Fassadenflächen mit einer Wasserstoffperoxidlösung (5 %) oder mit einem handelsüblichen Untergrundsanierungsmittel, d. h. mit einem Algizid gegen Algen, einem Fungizid gegen Pilze und vorzugsweise einem Algizid gegen Flechten. Aus Umweltschutzgründen ist darauf zu achten, dass die Schutzmittel nicht in den Boden gelangen. Zudem sind die allgemeinen Sicherheitshinweise zu beachten, d. h. Haut, Augen und Atemwege sind vor Kontakt und Aerosolen zu schützen.

Ziel dieser Reinigung ist das Abtöten der an der Fassade verbliebenen Sporen und anderer Zellen von Mikroorganismen.

6.1.3.3   Erste Reinigung bei lokalem Befall

Entkeimung der befallenen Fassadenflächen mit einer Wasserstoffperoxidlösung (5 %) oder mit einem handelsüblichen Produkt, d. h. mit einem Algizid gegen Algen, einem Fungizid gegen Pilze und vorzugsweise einem Algizid gegen Flechten. Aus Umweltschutzgründen ist darauf zu achten, dass die Reinigungsmittel nicht in den Boden gelangen. Zudem sind die allgemeinen Sicherheitshinweise zu beachten, d.h. Haut, Augen und Atemwege sind vor Kontakt und Aerosolen zu schützen.

Ziel dieser Reinigung ist das Abtöten der Mikroorganismen. Die Oberfläche ist danach noch nicht genügend sauber für einen Folgeanstrich.

6.1.3.4 Zweite Reinigung bei lokalem Befall

Mechanische Reinigung der Fassadenpartien mit einer harten Bürste (oder ähnlichem); das Waschen ist zu vermeiden, damit eventuell verwendete Fungizide oder Algizide nicht in den Boden gewaschen werden.

Ziel dieser Reinigung ist das Entfernen der abgetöteten Mikroorganismen und das Säubern der Oberfläche für den folgenden Anstrich.

6.1.4 Grundierung

Applikation einer algen- und pilzwidrig ausgerüsteten Grundierung; die Grundierung muss mit dem vorhandenen Untergrund verträglich sein. Eventuell sind Vorversuche an unbewitterten Fassadenteilen nötig. Spezielle Vorsicht ist mit lösemittelhaltigen Grundierungen auf kunststoffhaltigen Untergründen oder bei Wärmedämmstoffen aus expandierten Polystyrol-Hartschaumplatten unter den Verputzschichten geboten.

Diese Grundierung ergibt neben der gleichmäßigen Haftvermittlung des anschließenden Deckanstrichs ein Depot von Wirkstoffen, die den erneuten Bewuchs behindern.

6.1.5 Deckanstrich

Applikation eines algen- und pilzwidrig ausgerüsteten Deckanstrichs; die Materialverträglichkeit mit dem Untergrund muss gesichert sein. Wie bei der Grundierung sind eventuell Vorversuche erforderlich. Der Anstrich soll diffusionsoffen sein, damit die Wasserdampfdiffusion möglichst wenig behindert wird. Die kapillare Wasseraufnahme soll möglichst gering sein. Wasserabweisende (hydrophobe) Eigenschaften verlangsamen das Auswaschen der Biozide und verbessern die Langzeitwirkung des Algen- und Pilzschutzes. Die dampfförmige Wasseraufnahme aus der Luft (Sorptionsfeuchte) sollte möglichst gering sein. Diese Anforderung ist bei wenig quellfähigen Deckanstrichen in der Regel erfüllt.

Mit dem Deckanstrich soll eine algen- und pilzwidrige Oberfläche geschaffen werden, die wenig Wasser speichert und schnell abtrocknet. Damit wird die Dauer für Wachstumsbedingungen von Mikroorganismen möglichst kurz gehalten und diesen eine ungünstige, d.h. wachstumsfeindliche Umgebung geschaffen.

6.2   Unterhalt von Fassaden

Bei moderneren Bürobauten mit einer Metall/Glas Fassade werden ganze Fassadenreinigungsanlagen montiert, damit die Sicht nach draußen klar bleibt. Bei durchsichtigen Bauteilen ist es offensichtlich, dass sich Schmutz auf der äußeren Oberfläche ablagert.

Die Ablagerungen auf der Außenseite der Glasscheibe lagern sich aber nicht nur an den glatten Fenstergläsern ab, sondern auch auf nicht durchsichtigen Verputzoberflächen. Weil diese gröber strukturiert sind, bleibt sogar mehr Material an dieser Oberfläche hängen.

Der Flugstaub stammt aus der Natur und aus der Technik. Einerseits wirbelt der Wind Staub vom Boden auf und verteilt ihn über die Landschaft (beispielsweise roter Schnee in den Alpen, der durch Saharasand gefärbt wird). Andererseits überleben viele Pflanzen nur, weil ihre Samen und Pollen durch den Wind verbreitet werden. Bei Feinstaub aus der Technik sei u. a. an den Abrieb von Straßenbelägen und Fahrzeugbremsen erinnert. Auch die diversen Kamine und Abgasrohre (Auspuffe) lassen Partikel frei, die sich irgendwo wieder ablagern. Diese Verschmutzungen der Verputzoberflächen beeinträchtigen das visuelle Erscheinungsbild stärker, je unterschiedlicher sie von der Oberfläche abgewaschen werden. (vgl. Abb. 100) Gleichzeitig bildet der Belag aber auch Nahrungs-

Abb. 100:
Fassadenverschmutzungen werden durch ablaufendes Regenwasser abgewaschen. Wo wenig oder kein Wasser an die Fassade kommt, bleiben dunkle Flecken zurück.

grundlage für abgelagerte Pilzsporen. Stix hat für eine mittelgroße Stadt den Anteil an organischem Material im windverbreiteten und an Fassaden abgelagertem Staub mit etwa 50 % beschrieben.

Durch die Verschmutzung wird auch der Wasserhaushalt der Oberfläche verändert. Im neuen sauberen Zustand hydrophobe (Wasser abweisende) Oberflächen werden durch eine wachsende Staubschicht allmählich hydrophil (Wasser anziehend). Damit verändern sich auch die Bedingungen für den Bewuchs langsam zugunsten der Natur.

Aus diesen Gründen wäre es sinnvoll, Fassaden die für den Bewuchs durch Mikroorganismen gefährdet sind, ebenfalls periodisch zu reinigen. Dies braucht keine aufwendige Installation und kann bei Gebäudehöhen bis ca. drei Geschosse ohne Gerüst vom umgebenden Terrain aus geschehen. Diese Reinigung wäre eine vorbeugende Maßnahme, die einen Bewuchs bei sonst intakter Konstruktion hinauszögert, aber wahrscheinlich nicht ganz verhindern könnte. Diese vorbeugende Reinigung sollte vorzugsweise im Herbst, nach dem hauptsächlichen Pollenflug und vor der Kondensationsperiode stattfinden.

6.3   Praxisobjekt

Im Rahmen eines gemeinsamen Forschungsprojekts von Industrie und EMPA wurden zwei »identische« Fassaden, die beide etwa gleichen Bewuchs aufwiesen, ausgewählt und mit verschiedenen Reinigungsmethoden vom Bewuchs befreit. Dann wurden die gereinigten Fassaden mit verschiedenen Anstrichen versehen. In jedem Fall eines Anstrichs wurden auch Stellen ausgespart, welche mit Anstrichen ohne Filmkonservierung beschichtet wurden. Die beiden identischen Fassaden waren gleich exponiert und nur etwa 50 m voneinander entfernt.

Sie wurden beide mit denselben Verfahren bzw. Mitteln gereinigt bzw. beschichtet. Zur Entfernung des Bewuchses wurden folgende drei Verfahren eingesetzt:

- Hochdruckreiniger
- Handelsübliches Untergrundsanierungsmittel
- 5%ige Lösung von Wasserstoffperoxid

Nach diesen verschiedenen Reinigungen durch den Maler in »Labor-Qualität« wurden bisher keine Unterschiede im Aussehen der drei Testareale festgestellt. Alle drei Methoden der Reinigung und Keimentfernung zeigten vergleichbare Resultate: Die Fassade war makroskopisch betrachtet frei von Bewuchs.

Es wurden drei verschiedene Anstrichsysteme appliziert.

Bei der zweiten Fassade sind Anstrich und Art der Untergrundsanierung örtlich verschoben.

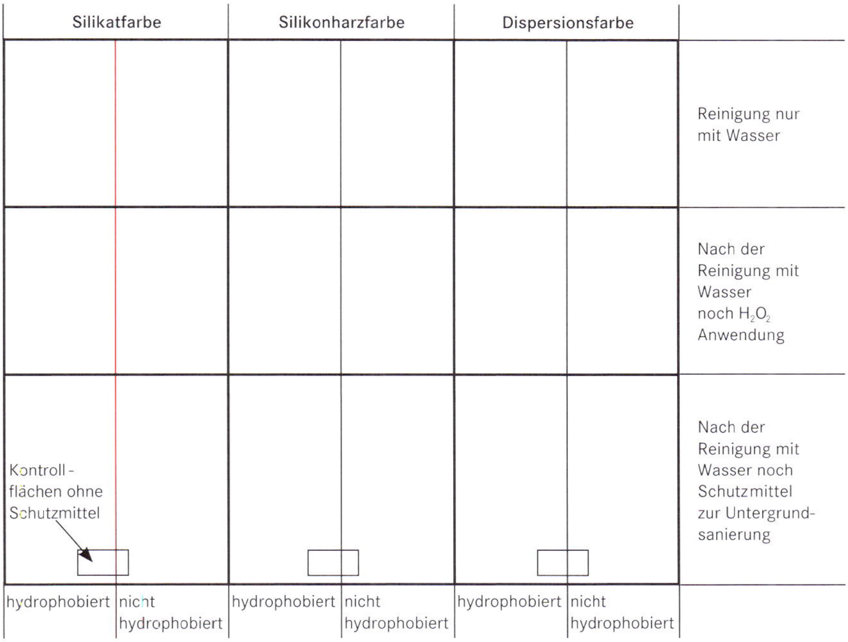

Silikatfarbe		Silikonharzfarbe		Dispersionsfarbe		
						Reinigung nur mit Wasser
						Nach der Reinigung mit Wasser noch H_2O_2 Anwendung
Kontroll-flächen ohne Schutzmittel						Nach der Reinigung mit Wasser noch Schutzmittel zur Untergrund-sanierung
hydrophobiert	nicht hydrophobiert	hydrophobiert	nicht hydrophobiert	hydrophobiert	nicht hydrophobiert	

Abb. 101:
Schematische Darstellung der Fassaden mit ihren unterschiedlichen Reinigungen, Untergrundsanierungen und Anstrichen

In der dreijährigen Beobachtungszeit seit der Fassadeninstandstellung wurde bei keinem der Reinigungsmuster und keinem der gewählten Anstrichsysteme Neubewuchs festgestellt. Das bedeutet, dass die wesentliche Voraussetzung jeder Untergrundsanierung die völlige Entfernung der bewuchsbildenden Organismen ist. Unter den gewählten Reinigungsverfahren ist bisher kein Unterschied zwischen der biozidfreien Reinigung mit Wasser, der zusätzlichen Desinfektion mit Wasserstoffsuperoxidlösung oder dem Handelsprodukt zur Algen- und Pilzsanierung einer Fassade festzustellen.

Obschon vor der Sanierung der Bewuchs ausgeprägt war, hat er sich bei gleicher Exposition wie früher an den neu gewählten Beschichtungen noch nicht etablieren können. Das deutet an, dass auch die Produktwahl wichtig ist, um bewuchsfreie Fassaden zu erhalten. Es kann hier nicht ausgeschlossen werden, dass ursprünglich vorhandene Additive, die inzwischen ausgewaschen wurden, den Bewuchs gefördert hatten.

6.4   Untergrundsanierung und Umwelt

In Medizin und Biologie gilt der Grundsatz, dass immer zuerst desinfiziert und dann gereinigt wird. Der Grund ist der folgende: Auf diese Weise werden Keime (koloniebildende Einheiten für Neubewuchs) abgetötet, bevor sie wegge-

Abb. 102:
Ansicht einer der
beiden Experimen-
tier-Fassaden vor der
Reinigung

Abb. 103:
Gleiche Ansicht
zwei Jahre nach der
Sanierung

waschen werden. Diese im Labor immer richtige Reihenfolge bedeutet in der Praxis der Fassadenreinigung jedoch, dass bei der Reinigung die Rückstände des Entkeimungsmittels/Schutzmittels abgespült werden und in die Umwelt (Wasser und Boden) gelangen können.

Darum wird heute bei großflächigem Bewuchs empfohlen, anfangs ohne schwer abbaubare Schutzmittel zu arbeiten, das heißt, den Bewuchs zuerst mechanisch z. B. durch Hochdruckreinigung zu entfernen. Da diese Reinigung aber normalerweise nicht ausreicht, um den Bewuchs zu eliminieren, wird anschließend mit einem Untergrundsanierungsmittel der Restbewuchs oder die noch vorhandenen Zellen und Mikroorganismen abgetötet, damit die spätere Neubeschichtung auf sauberem Grund erfolgen kann.

Von der antimikrobiellen Wirkung her beurteilt, eignen sich verschiedene Schutzmittel zur Untergrundsanierung. Diese Mittel unterscheiden sich in ihrer Wirkungsweise. Während einige Produkte sich nur langsam entfalten, dann aber eine gewisse Zeit am Ort ihres Einsatzes wirken, zeichnen sich Per-Verbindungen (hier am Beispiel von Wasserstoffperoxid) dadurch aus, dass sie sich als starke Oxidationsmittel während ihrer Wirkung zur Unwirksamkeit abbauen. Als Abbauprodukte bleiben Wasser und Sauerstoff. Dies ist ein Grund, dass sich die Entkeimung mit Wasserstoffperoxid immer dann besonders eignet, wenn Umweltneutralität wichtig ist. Doch darf von dieser Entkeimung keine nachhaltige bewuchshindernde Wirkung erwartet werden. Die Entkeimung mit Wasserstoffperoxid hat als weiteren Vorteil, dass auch beim Einsatz gegen lokalen

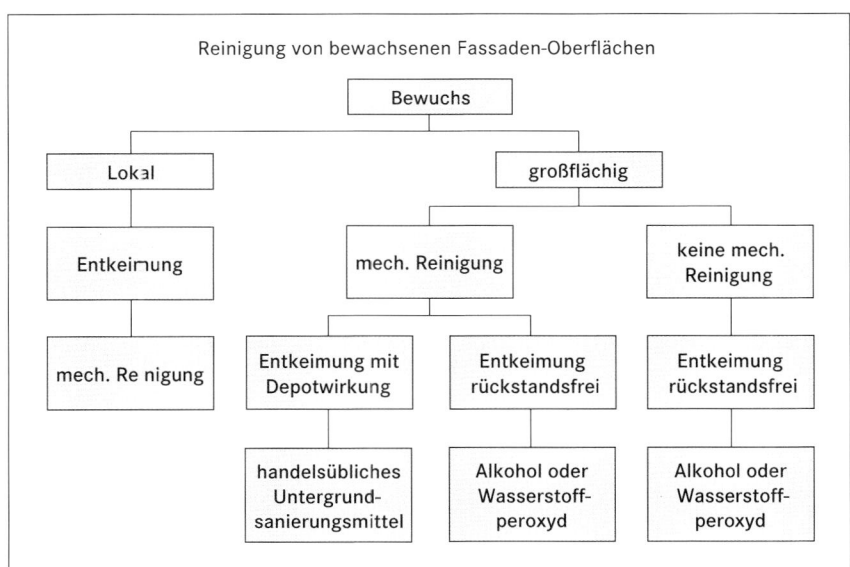

Abb. 104:
Kriterien zur Wahl
der Untergrund-
sanierung

Bewuchs und anschließender mechanischer Reinigung keine Mikrobizide freigesetzt werden, die möglicherweise gesundheitliche Nebenwirkungen haben.

Sobald aber eine gewisse Depotwirkung der Schutzmittelanwendung erwartet wird, dann eignen sich andere Mittel besser. Es ist dann aber darauf zu achten, dass diese Mittel nicht in die Umwelt gelangen.

Die Lieferanten der jeweiligen Schutzmittel müssen auch die notwendigen Sicherheitsdaten zur Anwendung liefern. Dies betrifft sowohl die Sicherheit des Anwenders als auch die Sicherheit der Umwelt.

Literatur

Adan, O. C. G. 1994. On the fungal defacement of interior finishes. Ph. D. Thesis, Eindhoven Univerity of Technology. 1997

Billeter, N. 1997. Pilzwachstum an Staffeleigemälden. Unveröffentlichte Diplomarbeit der.Fachklasse für Konservierung und Restaurierung HFG Bern, durchgeführt an der EMPA, 1997

Blaich, J. Algen auf Fassaden. Aachener Bausachverständigentage, In: Oswald, R. (Hrsg.) Bauverlag, 1998.

Blaich, J. Tauwasser auf Fassaden. Projektbericht EMPA 1998.

Blaich, J. Algenprobleme durch verbesserte Wärmedämmung? KS-INFO 1999, Nr. 1

Blaich, J. Biogene Schäden. Seminar EMPA/STV/FAB Basel, 22.04.1999. Tagungsband.

Blaich, J. Aussenwände mit Wärmedämm-Verbundsystem. Algen- und Pilzbewuchs. 10.1/1999. Deutsches Architektenblatt, 1999.

Blaich, J. (1999), Bauphysikalische Aspekte des Algenbewuchses auf Fassaden und Maßnahmen zur Vermeidung. IBK-Bau-Fachtagung Berlin 24/25.11.99. Tagungsband, S. 249.

Blaich, J. und **Raschle, P.** Algen erobern Fassaden. In: Blaich, J., Bauschäden erkennen – vermeiden – beheben. EMPA/HEV, 1991.

Blaschke, R. Typische Verwitterungsprofile von Gesteinsproben im mikroskopischen Bild. Zeitschrift für Bauinstandhaltung und Denkmalpflege, Sonderheft »Bautenschutz und Bausanierung« zum 2. Statusseminar des Bundesministers für Forschung und Technologie (BMFT), S. 26–31, Wuppertal, Dez. 1988.

Block, S. S. 1953/54. Humidity requirements for mold growth. Applied microbiology 1-2, 287–293.

Büchli, R. Microbiological Growth on Facades, 2nd Symposium on Building Pathology, Durability and Rehabilitation, November 2003 Lisbon, Proceedings S. 427–436.

Deruelle, S. Role of the Substrate in the Growth of Microorganisms. Materials and Structures 24 (141), 1991, S. 163–168.

EMPA-SOP 4348. Vorbereitungen und künstliche Alterungen von Farben und Putzen vor der biologischen Prüfung. 4 Seiten, 2002.

EMPA-SOP 4349. Prüfung von Anstrichen und Putzen: Verhalten gegenüber Pilzen. 7 Seiten, 2002.

EMPA-SOP 4350. Prüfung von Anstrichen und Putzen: Verhalten gegenüber Algen. 5 Seiten, 2002.

Frank, Th. Einfluss der Wärmespeicherfähigkeit der Aussenwand auf den Sonnenenergiegewinn, EMPA-Bericht Nr. 136788, 1994

Gaylarde, C. C., Morton L.H.G. Deteriogenic biofilms on buildings and their control: a review. Bio fouling 14 (1), 1999, S. 59–74.

Gertis K. und **Hauser G.;** Instationäre Berechnungsverfahren für den sommerlichen Wärmeschutz im Hochbau, Berichte aus der Bauforschung

Grant, C., Hunter, C. A., Flannigan, B., Bravery, A. F. 1989. The moisture requirements of moulds isolated from domestic dwellings. International Biodeterioration 25, 259–284.

Grant, C., Bravery, A.F. Laboratory evaluation of algicidal biocides for use on constructional materials. International Biodeterioration Bulletin 17(4), 125–131, 1981.

Gubler, C. Ch., Peeters, A. G., Wüthrich, B. 1994. Zur mykogenen Allergie; Pilzsporengehalt in der Luft von Zürich. Hrsg. UCB Institute of Allergy. Zürich. 110 Seiten.

Kaiser, J.-P., Raschle, P. Mikrobielles Wachstum auf mineralischen Baustoffen, Farben und Putzen. S. 228–238. In: Wittmann F. H. (Edit), Themenband Werkstoffwissenschaften und Bausanierung, Teil 1, Kontakt und Studium, Band 420, Expert Verlag Ehningen, 1993.

Kaiser J.-P., Raschle, P. Untersuchungen zum mikrobiellen Bewuchs von Beschichtungsmaterialien und dem Einfluss einiger ausgewählter Biozide. Restauratorenblätter 16, 1996, S. 121–126.

Klopfer H. Anstrichschäden. Bauverlag, 1976.

Nay, M. Algen und Pilze an Fassaden – Forschung an der EMPA St.Gallen. In: Venzmer, H. (Hrsg.): Altbauinstandsetzung 5/6 – Algen an Fassadenbaustoffen II. Huss Medien GmbH, Verlag Bauwesen Berlin, 2003, S. 119–128.

Nay, M. Algen und Pilze an Fassaden im Blickwinkel der Forschung. Applica 3/2003, S. 7–12.

Nay, M. Wie lassen sich Algen und Pilze an Fassaden verhindern? In: Zentrum für Energie und Nachhaltigkeit im Bauwesen. 12. Schweizerisches Status-Seminar Energie- und Umweltforschung im Bauwesen. EMPA Dübendorf und ETH Zürich, 2002, S. 131–138.

Norm SIA 180. Wärme- und Feuchteschutz im Hochbau. Schweiz. Ingenieur- und Architekten-Verein, Ausgabe 1999

Raschle, P., Weirich, G., Hütter, R. 1989. Einfluss von Mikroorganismen im Alterungsprozess und als Schadenursache an bemalten Außenflächen. P. 87–91 in Schweizer F., Villiger, V. (Hrsg.) Methoden zur Erhaltung von Kulturgütern. Verlag P. Haupt Bern und Stuttgart. 1989.

Raschle, P. Mikrobiologie als Disziplin bei der Kulturgütererhaltung. Berichte der St. Gallischen Naturwissenschaftlichen Gesellschaft 87, 1994. S. 271–278.

Raschle, P. Identität und Auswirkungen von Mikroorganismen in Beschichtungssystemen. Advances in Coatings 2. Schülke & Mayr, 1995.

Raschle P. Bauschäden durch Mikroorganismen. Advances in Coatings 3. Schülke & Mayr, 1996.

Raschle P. Algen und Pilze auf Fassaden: Ärgernis oder Alarmsignal? Jahresbericht EMPA 1997.

Raschle, P. Microbiology for our cultural heritage. Chimia 55(11), 2001. S. 990–995.

Sagelsdorff, R. Element 23, Wärmeschutz im Hochbau, Schweiz. Ziegelindustrie, März 1980.

Schumann R. et al. Die Spuren der Sporen, Bautenschutz und Bausanierung Nr. 5, 2002, S. 27–31.

Stix, E. Schwankungen des Pollen- und Sporengehaltes der Luft. Umschau 19(6), 620–621. 1969.

Van der Wel, G.K., Adan, O.C.G., Bancken, E.L.J. 1998. Towards an ecofriendlier control of fungal growth on coated plasters? Fatipec Kongress Interlaken, Kongressband Vol. C, C15–C26. 1998.

Warscheid, Th. et al. Algen und Pilze. Die Mappe 11/2002, S. 7–50.

Weber K. Chemie der Biozide für die Filmkonservierung. Advances in Coatings 3. Schülke & Mayr, 1996.

Weirich, G. 1989. Untersuchungen über Mikroorganismen von Wandmalereien, Material und Organismen 24(2), 139–159. 1989.

Young; ME., Urquart DCM. Algal growth on Building sandstones: effects of chemical stone cleaning methods. Quarterly Journal of Engineering Geology 31.Part 4, 1998. S. 315–325.

Zillig, W., et. al. Condensation on facades – influence of construction type and orientation. Tagungsbeitrag, 2nd International Building Physics Conference, Leuven (B), 2003.

Links

www.oeap.at   Merkblatt Algen und Pilze u.a. an Fassaden, 1. Ausgabe 12/96

www.qc-expert.ch   Merkblatt Sanierung von Algen und Pilzen an Fassaden, 3. Ausgabe 2003

Schimmel im Haus

erkennen – vermeiden – bekämpfen

Michael Köneke

Ein anschaulicher, leicht verständlicher Ratgeber zum Thema Schimmelbildung in Wohnungen:

- Gesundheitsgefahren
- bauphysikalische Grundbegriffe,
- Einflussfaktoren und Messmethoden,
- Hinweise zur Bekämpfung und Vermeidung,
- Schimmel in der Rechtsprechung.

4., überarb. und erw. Aufl. 2012, 111 Seiten, 20 farb. Abb, 9 Tab., Kartoniert
ISBN 978-3-8167-8457-9

E-Book:
ISBN 978-3-8167-8841-6

Fraunhofer IRB▪Verlag
Der Fachverlag zum Planen und Bauen
Nobelstraße 12 · 70569 Stuttgart · www.baufachinformation.de

Schäden an Fassadenputzen

Schadenfreies Bauen Band 9

Helmut Künzel

3., überarb. u. erw. Aufl.
2011, 138 Seiten, zahlr.
Abb., Tab., Gebunden
ISBN 978-3-8167-8393-0

E-Book:
ISBN 978-3-8167-8872-0

Die dritte, vollständig überarbeitete und erweiterte Auflage beleuchtet alle Aspekte des Bauteils Fassadenputz und verdeutlicht, wie die Bauarten und die Arbeitsweisen die Anforderungen und die Möglichkeiten im Putzsektor beeinflusst haben. Aktuelle Themen wie die vereinfachte Klassifikation von Rissursachen, die Theorie der Risssanierung, die Situierung von Armierungsgeweben, Feuchteakkumulation und das vereinfachte Kriterium für »wasserabweisende Außenputze« werden behandelt. Die Darstellung und Analyse von Schadensfällen runden das Buch ab.

Fraunhofer IRB Verlag
Der Fachverlag zum Planen und Bauen

Nobelstraße 12 · 70569 Stuttgart · www.baufachinformation.de